GRUNDFRAG

DER

SPRACHFORS(

MIT RÜCKSICHT AUF W. W

SPRACHPSYCHOLOGIE I

VON

B. DELBRÜCK.

STRASSBURG.
VERLAG VON KARL J. TRÜBNEI
1901.

Vorrede.

Die Schrift, welche ich hiermit dem Wohlwollen des Publikums empfehlen möchte, beginnt mit einem Abschnitt, der einem Philosophen vielleicht sehr elementar vorkommen mag, von dem ich aber hoffe, daß er den übrigen Lesern willkommen sein wird, nämlich einer kurzgefaßten vergleichenden Darstellung der Herbart'schen und der Wundt'schen Psychologie. Eine solche Auseinandersetzung schien mir unerläßlich, weil niemand die Meinungsverschiedenheit zwischen Steinthal oder Paul einerseits und Wundt andererseits wirklich verstehen kann, der sie nicht bis in ihre in der psychologischen Grundauffassung liegenden Wurzeln verfolgt. An diese grundlegende Darstellung schließt sich der bei weitem umfänglichere Teil der vorliegenden Schrift: die Auseinandersetzung eines Sprachforschers mit den Wundt'schen Theorien über die wichtigsten Probleme des Sprachlebens. Daß es dabei nicht ohne vielfachen Widerspruch abgehen kann, wird derjenige selbstverständlich finden, der sich gegenwärtig hält, daß ein Philosoph und ein Historiker infolge der überlieferten Verschiedenheit ihrer Arbeitsgewohnheiten sich demselben Stoff gegenüber immer verschieden verhalten werden. Dazu kommt im vorliegenden Falle, daß ein Unternehmen wie das Wundt'sche einer Fülle von stofflichen Schwierigkeiten ausgesetzt ist, die sich wohl von niemand ganz überwinden lassen. Die Sprachforschung ist ein ungeheures Gebiet, auf dem unablässig gearbeitet wird. Wie wäre es zu vermeiden, daß jemand, der den ganzen Kreis der dahin gehörigen Probleme durchmessen will, sich gelegentlich im einzelnen vergreift oder hinter dem jetzigen Stande der Forschung zurückbleibt? Habe ich demnach Wundt bei aller aufrichtigen Wertschätzung nicht selten entgegentreten müssen, so hat sich doch, wie man hoffentlich bald gewahr werden wird, meine Kritik nie auf gleichgültige Einzelheiten, sondern immer nur auf Punkte von principieller Wichtigkeit gerichtet.

Die Darstellung habe ich gemeinverständlich einzurichten versucht. Da ich nicht für Sprachforscher von Fach allein schreiben wollte, habe ich es meist für richtig befunden, bei dem einzelnen Problem zunächst den status causae et controversiae auseinanderzusetzen, so daß notwendigerweise vieles noch einmal gesagt worden ist, was den Detailforschern bereits seit lange bekannt war. In der Anführung der ins Unendliche angewachsenen Litteratur bin ich sparsam gewesen. Daß ich meine eigenen Arbeiten besonders oft herangezogen habe, möge man nicht tadeln, denn diese haben — wie man auch sonst über sie urteilen möge — jedenfalls den Vorteil, daß sie die Ansichten, welche ich für die richtigen halte, am deutlichsten zum Ausdruck bringen.

Jena, im Juni 1901.

B. Delbrück.

Inhalt.

Erstes Kapitel.

Erstes Kapitel.

I.

Einleitung.

Der Begründer der neueren allgemeinen Sprachwissenschaft, Wilhelm von Humboldt, bestrebte sich, seinen Gegenstand zugleich vom Standpunkt der Erfahrung und — wie man damals zu sagen pflegte — der Ideen aus zu behandeln, doch war ihm die philosophische Seite stets die wichtigste. Er besaß einen Geist, der sich in der Aneignung des Gegebenen nie genug thun konnte, aber seine Einzeluntersuchungen ordneten sich stets dem Gedanken unter, „den Zusammenhang der Sprachverschiedenheit und Völkerverteilung mit der Erzeugung der menschlichen Geisteskraft zu ergründen, wie sie sich nach und nach in wechselnden Graden und neuen Gestaltungen entwickelt." Es liegt in der Natur der Sache, daß ein wissenschaftlicher Plan, der in so hohem Grade der Ausdruck einer einzelnen hervorragenden Persönlichkeit und ihrer Zeitbedingungen war, von anderen Forschern nicht unverändert übernommen werden konnte. Was in Humboldt's Geist zusammengehalten war, mußte sich bei Zeitgenossen und Nachfolgern je nach den Persönlichkeiten und Zeiten in verschiedene Teile zerlegen. Ich wüßte unter den zahlreichen Gelehrten, die auf sprachwissenschaftlichem Gebiete gearbeitet haben, im Grunde nur einen zu nennen, der im eigentlichen Sinne als Humboldt's Nachfolger zu bezeichnen wäre, nämlich den kürzlich verstorbenen Berliner Professor Heymann Steinthal. So verschieden dieser merkwürdige Mann in seinem ganzen geistigen Gefüge von Humboldt war, so glich er ihm doch in der Hauptsache, nämlich darin, daß alle seine Specialarbeiten, seine psychologische und phonetische Beleuchtung der Mandenegersprachen ebensowohl wie seine Geschichte der Sprachwissenschaft bei Griechen und Römern, nur bestimmt waren, gewissen allgemeinen Ideen zur Erläuterung zu dienen. Natürlich sind aber seine allgemeinen Anschauungen über Wesen, Ursprung, Klassifikation der Sprachen, über das Verhältnis zwischen Sprechen und Denken, und was man sonst noch anführen mag, nicht mehr dieselben wie die seines Vorgängers, wenn sie auch zum Teil aus der Beschäftigung mit dessen Werken erwachsen sind. Humboldt kann man, wenn man den Geist und nicht den Buchstaben seines philosophischen Bekenntnisses ins Auge faßt, wohl einen Kantianer nennen, während Steinthal sich, abgesehen von der Metaphysik, auf die es hier nicht ankommt, am meisten an Herbart anlehnt. Man kann den Fortschritt in der allgemeinen Sprachauffassung, der sich an Steinthal's Namen knüpft, in den Satz zusammenfassen, daß er an Stelle der Logik der Psychologie zur Herrschaft verholfen hat. Seine Psychologie aber war im wesentlichen die Herbart'sche. An wichtigeren Werken Steinthal's, in denen sich diese Entwickelung nach und nach entfaltet, nenne ich außer dem polemischen Buche über Grammatik, Logik und Psychologie (1855) die in vier Auflagen erschienene Schrift über den Ursprung der Sprache (zuerst 1851, von mir angeführt in der 3. Auflage 1888), ferner die Charakteristik der hauptsächlichsten Typen des Sprachbaues (1880), die Einleitung in die Psychologie und Sprachwissenschaft (2. Auflage 1881) und schließlich die von Steinthal im Verein mit M. Lazarus, dem Verfasser des Lebens der Seele, begründete und herausgegebene Zeitschrift für Völkerpsychologie und Sprachwissenschaft (von 1860 an). Die Wirkung, wenigstens die unmittelbare Wirkung dieser Werke hat ihrem wissenschaftlichen Werte nicht ganz entsprochen. Das lag und liegt aber, so viel ich sehe, weniger an der Verstocktheit der Leser als an gewissen Eigenschaften des Schriftstellers selbst. Steinthal ist nicht leicht zu lesen. Seine Ausdrucksweise ist schwerfällig und farblos; er hat die leidige Gewohnheit, einen Gegenstand, ehe er auf ihn stößt, in weiten Kreisen zu umziehen, so daß die Geduld des Lesers, der gern zur Sache kommen möchte, oft auf eine harte Probe gestellt wird; vor allem aber: er hat nicht genug Wert darauf gelegt, seine Lehren an solchen Sprachen zu erläutern, von denen man annehmen kann, daß sie einem größeren Leserkreis vertraut sind. Hieraus wird begreiflich, daß es erst einem anderen, an Steinthal bewußt anknüpfenden Gelehrten vorbehalten war, eine enge Verbindung zwischen der Herbart'schen Psychologie und der indogermanischen Sprachforschung herbeizuführen, nämlich Hermann Paul in seinen Principien der Sprachgeschichte (zuerst 1880). Ich habe die wissenschaftliche Entwickelung, auf welcher dieses Werk ruht, in meiner Einleitung in das Sprachstudium geschildert, welche in demselben Jahre wie die Principien erschien, und will auf diese Schilderung hier nicht zurückkommen. Wohl aber möchte ich einige Eigenschaften des Paul'schen Werkes hervorheben, welche den großen und verdienten Einfluß erklären, den es in steigendem Maße gewonnen hat. Die ältere Wissenschaft neigte dazu, gewisse Begriffe wie Volksgeist und Sprache zu personifizieren, und hatte sich dadurch den Weg zur Erkenntnis der wirklich thätigen

Kräfte erschwert; auch in der Volksseele der Völkerpsychologie war noch ein letzter nebelhafter Rest übrig geblieben. Paul hat mit dieser Vorstellung bewußt und konsequent gebrochen, er hat überall nur den einzelnen Menschen im Auge und spricht demnach immer nur von solchen seelischen Vorgängen, die jeder nüchterne Beobachter kontrollieren kann[1]). Dazu kommt, daß seine trefflich gewählten zahlreichen Beispiele auch ihrerseits zum größten Teile einem allgemein zugänglichen Gebiet entnommen sind, nämlich dem lebenden Deutsch, Englisch, Französisch und den unmittelbar dahinter liegenden, den jetzigen Bestand geschichtlich aufklärenden Sprachzuständen. Ein Laie könnte ja freilich fragen, ob die jetzt gesprochenen Mundarten dem Ursprung der Sprache nicht zu fern liegen, als daß man aus ihnen etwas principiell Förderliches erschließen könnte; indessen da wir uns seit langer Zeit zu der Annahme entschlossen haben, daß die sprachschaffenden Kräfte des Menschen überall auf der Erde dieselben sind und stets dieselben gewesen sind, so sieht man in der That nicht ein, warum man das sogenannte Walten des Sprachgeistes nicht ebenso gut an einem Hauptmann'schen Stücke wie an dem Veda oder dem Chinesischen oder Hottentottischen sollte beobachten können. Nimmt man bei Paul nun noch die durchdringende Kraft des Verstandes, das geschichtlich begründete nüchterne Urteil im einzelnen und die stets lehrhafte, völlig schmucklose Darstellung hinzu, so wird man sich vorstellen können, warum gerade

1) Paul ist nicht der erste gewesen, der den falschen Hypostasierungen scharf entgegengetreten ist. Er hat z. B. in Rudolf von Raumer einen Vorgänger, dessen Verdienste um die allgemeine Sprachforschung, wie Jellinek, Indog. Forsch. 12, 161 ff. mit Recht bemerkt, von uns jetzt über Gebühr vergessen sind. Aber Paul's Wirkung war besonders groß, weil er in eine vorbereitete Zeit fiel.

ein solches Werk sich einer Zeit empfehlen mußte, die auf das induktive Verfahren mit Recht ein so großes Gewicht legt.

An die Reihe Humboldt, Steinthal, Paul schließt sich jetzt das neueste umfängliche Werk von Wilhelm Wundt, das den Gegenstand und Ausgangspunkt der nachfolgenden Betrachtungen bilden soll, nämlich: 'Völkerpsychologie, eine Untersuchung der Entwickelungsgesetze in Sprache, Mythus und Sitte, Erster Band, die Sprache, in zwei Teilen, Leipzig 1900.' Zwar wäre es unrichtig, die Wundt'sche Völkerpsychologie unmittelbar mit den „Principien" vergleichen zu wollen, denn Wundt ist ja in erster Linie Philosoph und nur im Nebenamt Sprachforscher, während bei Paul das Umgekehrte der Fall ist; aber in einem Punkte darf man die beiden Gelehrten doch nebeneinander stellen: sie wollen beide die Thatsachen der Sprachgeschichte durch die Psychologie erläutern. Nur wiederholt sich hier in veränderter Form das Verhältnis, wie es zwischen Humboldt und Steinthal besteht. Bei aller Gleichheit des Strebens ist die philosophische Grundlage durchaus verschieden. Während Paul, wie wir sahen, auf Herbart'schem Standpunkt steht, ist Wundt bestrebt, die Associationspsychologie durch seine eigene oder, wie er sich lieber ausdrückt, die neuere experimentelle Psychologie zu ersetzen. Es ist unmöglich, Wundt's Ansichten über die sprachlichen Erscheinungen zu verstehen und in ihrem Verhältnis zu den bisherigen zu würdigen, wenn man nicht weiß, wie sich die Wundt'sche Psychologie zur Herbart'schen verhält. Ich habe es deswegen für richtig gefunden, meine Darstellung mit einer vergleichenden Skizze der beiden Systeme zu beginnen, die nichts weiter sein soll als ein unparteiisches Referat über einen eng begrenzten Stoff, nicht etwa eine Wanderung durch die neuere Psychologie überhaupt, und noch weniger eine Stellungnahme zu ihren Problemen. Es folgt sodann eine allgemeine Betrachtung über die Benutzung des sprachlichen Stoffes durch Wundt und erst, nachdem auf diese Weise der Boden vorbereitet ist, die Besprechung der wichtigsten von Wundt erörterten sprachlichen Grundfragen. Die Absicht dieser Besprechung geht dahin, einerseits den Gewinn zu verzeichnen, den die Sprachwissenschaft, insbesondere die auf indogermanischem Gebiet sich bewegende sogenannte vergleichende Sprachforschung aus dem Wundt'schen Werke ziehen kann, und andererseits in kritischer Erörterung die Punkte festzustellen, an denen eine Verbesserung und Weiterführung des Gegebenen wünschenswert scheint.

Was die Form der Darstellung betrifft, so wird der Leser es hoffentlich billigen, daß ich das ermüdende Verfahren des seiner Vorlage unablässig folgenden Kritikers gewöhnlich durch die leichtere und beweglichere Form der eigenen Erörterung ersetzt habe.

II.
Vergleichung der Herbart'schen und der Wundt'schen Psychologie[1]).

Bei einem Versuche, die Herbart'sche Psychologie darzustellen, ergiebt sich insofern eine gewisse Schwierigkeit, als es nicht wohl möglich ist, sich auf den Begründer dieser Psychologie zu beschränken. Herbart hat, wie er uns selbst mitteilt, den Kern seiner Psychologie im

1) Von einer Erörterung der Verschiedenheit in der Auffassung des Begriffes Völkerpsychologie bei Steinthal und Wundt ist abgesehen worden, da sie für meinen Zweck entbehrlich ist.

Jahre 1814 niedergeschrieben. Das Lehrbuch zur Psychologie (Werke, herausg. von Hartenstein, Band 5) erschien 1816, die Psychologie als Wissenschaft, neu gegründet auf Erfahrung, Metaphysik und Mathematik (ebenda Bd. 5 und 6) 1824. Es wäre eigensinnig, von allem dem absehen zu wollen, was in der langen seitdem verflossenen Zeit von Anhängern Herbart's in seinem Geiste hinzugethan worden ist; man muß auch die Schule bis zu einem gewissen Grade heranziehen. Demgemäß wird man im folgenden außer Herbart selbst benutzt finden: den zusammenfassenden, auch die metaphysische Grundlegung sich aneignenden, durch Berücksichtigung der Resultate der Physiologie und viele litterarische Nachweise sich auszeichnenden Grundriß von W. J. Volkmann (zuerst Halle 1856); sodann die nüchterne, übersichtliche und anschauliche Darstellung von M. W. Drobisch (Empirische Psychologie nach naturwissenschaftlicher Methode, Hamburg und Leipzig 1842), welche den metaphysischen und mathematischen Bestandteil der Herbart'schen Lehren auf sich beruhen läßt; endlich die populäre Behandlung von M. Drbal (Lehrbuch der empirischen Psychologie, 6. Aufl., Wien und Leipzig 1897), welche vieles aus den Vorgängern, besonders auch aus Drobisch, in sich aufgenommen hat. Bequemer hat man es auf der anderen Seite bei Wundt, der seine seit Jahren im wesentlichen feststehenden Anschauungen in immer neuen Werken, bald in streng wissenschaftlicher, bald in leichter faßlicher Form, dem Publikum vorgelegt hat. Im folgenden wird man außer den Grundzügen der physiologischen Psychologie (Heidelberg 1874, 4. Auflage Leipzig 1893) namentlich den übersichtlich und faßlich geschriebenen Grundriß der Psychologie (3. Auflage Leipzig 1898) benutzt finden. Auch sei darauf hingewiesen, daß das System der Philosophie (Leipzig 1889) von S. 551 bis 586 eine Psychologie in nuce enthält. Die Reihenfolge, in welcher die einzelnen Abschnitte von mir vorgeführt werden, wird einer Rechtfertigung nicht bedürfen.

Das Wesen der Seele.

Wenn man Herbart's Verdienste um die Psychologie gerecht würdigen will, darf man nicht vergessen, daß er bei seinem Auftreten die Lehre von den Seelenvermögen als etwas Feststehendes vorfand. So hatte z. B. Wolff, dessen Einfluß nicht leicht zu hoch eingeschätzt werden kann, in der Seele ein Erkenntnis- und Begehrungsvermögen unterschieden, deren jedes einen unteren und einen oberen Teil hat. In den unteren Teil des Erkenntnisvermögens gehören das Empfindungsvermögen, die Einbildungskraft, das Dichtungsvermögen und das Gedächtnis, in den oberen die Aufmerksamkeit, der Verstand und die Vernunft. Zu dem Begehrungsvermögen rechnet er die Affekte und das Wollen. Dieses Schema wurde von Kant aufgenommen, aber im Anschluß an Rousseau dahin verändert, daß er das Gefühl für Lust und Unlust (wovon Wolff bei dem Begehrungsvermögen gehandelt hatte) als Mittelglied einfügte, so daß sich die drei Grundvermögen Erkennen, Fühlen, Begehren ergaben, von denen Kant, mit besonderer Entschiedenheit aber Fries behauptete, daß keines derselben aus dem anderen abgeleitet werden könne. Diese herrschende Ansicht fand an Herbart einen eifrigen und erfolgreichen Gegner. Er bekämpfte sein Leben hindurch die Lehre von den Seelenvermögen, weil diese nicht Wirklichkeiten, sondern Abstraktionen sind, weil sie eher eine mythologische als eine wissenschaftliche Auffassung der seelischen Vorgänge vermitteln, und vor allen Dingen, weil durch die Vielheit der Vermögen die Einheit der Seele zersplittert werde. Je eifriger Herbart einschärft, daß die Beobachtung uns nichts anderes darbietet als einen unaufhörlichen Wechsel der sich anziehenden oder abstoßenden Vorstellungen, um so entschiedener betont er die allem Wechsel zu Grunde liegende Einfachheit der Seele. Die Seele ist nach Herbart ein einfaches Wesen, das weder Teile noch eine Vielheit von Eigenschaften hat. Die eigentliche Natur dieses Wesens ist unbekannt, so daß wir darüber im Grunde nur etwas Negatives aussagen können. Die Seele ist an sich weder irgendwo noch irgendwann, wenn sie auch zu dem Körper in räumlich-zeitliche Beziehungen tritt; sie hat keine Anlagen noch Vermögen, weder etwas zu empfangen noch hervorzubringen; sie kommt nur in die Lage, sich gegenüber anderen einfachen Wesen, die einen Druck auf sie üben, zu erhalten, welche Selbsterhaltungen man Vorstellungen nennt. Es ist unter diesen Umständen nicht leicht einzusehen, wie der Leib einer solchen Seele eigentlich etwas anhaben kann, und wie sie dazu kommen soll, auf ihn einen Einfluß auszuüben. Es mag deshalb an dieser Stelle genügen, ohne näheres Eingehen auf die begrifflichen Schwierigkeiten, zu bemerken, daß die Herbart'sche Schule der Erfahrung die Thatsache einer Wechselwirkung zwischen Leib und Seele entnehmen zu können glaubt.

Völlig anders als bei Herbart sieht es bei Wundt aus. Obgleich auch er — da er nun einmal Philosoph ist — in seinem System eine Metaphysik hat, so hütet er sich doch, bei dieser für die Psychologie eine Anleihe zu machen, er hält sich vielmehr bei der Bestimmung des Begriffes Seele nur an die unmittelbare Erfahrung und die bei ihrer Bearbeitung sich unvermeidlich ergebenden wissenschaftlichen Hülfsbegriffe. Die Erfahrung nun zeigt uns eine unendliche Fülle von Vorgängen des Wollens, Fühlens, Denkens, die sich in unserem Innern abspielen. Denken wir alle diese Vorgänge als Einheit, so ergiebt sich der Begriff der Seele. „Für die empirische Psychologie — so heißt es Völkerpsychologie 1, 9 — kann die Seele nie etwas anderes sein als der thatsächlich gegebene Zusammenhang der psychischen Erlebnisse, nichts, was zu diesen von außen oder von innen hinzukommt". Hiermit ergiebt sich nun auch von selbst, wie Wundt sich zu der sogenannten Wechselwirkung von Leib und Seele stellen muß. Wenn die Seele keine Substanz ist, so verliert dieses Problem seinen ursprünglichen Sinn, es verwandelt sich in die Frage, wie sich die psychischen Vorgänge, die wir in uns wahrnehmen, zu den körperlichen Vorgängen verhalten. Darauf antwortet Wundt, daß diese Vorgänge wegen ihrer völligen Verschiedenheit nicht einer aus dem anderen abzuleiten sind, daß sie aber einander innerhalb eines bestimmten Gebietes nach dem Princip des psychologischen Parallelismus zugeordnet sind. Es ist hier nicht der Ort, auf diesen schwierigen Begriff des näheren einzugehen. Wie sich ein solcher Parallelismus im Einzelfall ausnimmt, werden wir bei den Affekten und den zu ihnen gehörigen Bewegungen und ebenso bei der Lehre von der Reproduktion der Vorstellungen zu beobachten Gelegenheit finden.

Die psychischen Elemente.

Wie in Bezug auf die Ansichten vom Wesen der Seele unterscheiden sich die beiden Philosophen auch in Bezug auf die letzten Elemente, auf welche sie die in der Erfahrung gegebenen Gebilde zurückführen. Nach Herbart ist das Vorstellen der primitivste Zustand der Seele (ihre Selbsterhaltung gegenüber dem Drucke anderer einfacher Wesen), Fühlen und Begehren aber sind aus dem Vorstellen abzuleiten. Die entscheidende Stelle darüber, auf welche alle späteren Darstellungen zurückgehen, findet sich Werke 6, 75 ff. Danach muß man, um sich über das Gefühl klar zu werden, bedenken, daß es ein Unterschied ist, ob eine Vorstellung deshalb im Bewußtsein steht, weil sie von keiner Seite angefochten wird, oder ob sie sich nur deshalb nicht bewegt, weil sich an ihr eine hemmende und eine bewegende Kraft das Gleichgewicht halten. Wenn eine Vorstellung von einer Seite her durch einen Druck zum Sinken veranlaßt wird, von einer anderen her (etwa durch eine Hülfe) zum Steigen, so wird dadurch ihr Inhalt nicht verändert, aber von dem Bewußtsein wird doch der Zustand des Gepreßtseins oder Eingeklemmtseins empfunden. „Mit welchem Namen sollen wir nun die letztere Bestimmung des Bewußtseins, da ein Vorstellen zwischen entgegenwirkenden Kräften eingepreßt schwebt, benennen, zum Unterschiede von jener ersten Bestimmung, da dasselbe, nicht hellere und nicht dunklere, Vorstellen vorhanden ist, ohne eine Gewalt zu erleiden? Wie anders werden wir den gepreßten Zustand bezeichnen als durch den Namen eines mit der Vorstellung verbundenen Gefühls?“ Der naheliegenden Frage, ob sich denn nicht aus dieser ungemütlichen Lage des Eingeklemmtseins lediglich ein Unlustgefühl ergebe, begegnet die Schule mit der Erklärung, daß ein Lustgefühl entsteht, wenn herbeieilende Hülfen die Hemmung gewissermaßen mit einem Ruck aufheben, so daß sich als leicht faßliche Definition des Begriffes „Gefühl“ die folgende ergiebt: „Unter Gefühl versteht man das Bewußtwerden der Hemmung oder Förderung unter den eben im Bewußtsein vorhandenen Vorstellungen; und zwar ist es ein Unlustgefühl, wenn eine Hemmung, ein Lustgefühl, wenn eine Förderung zum Bewußtsein der Seele gebracht wird" (Drbal, Lehrbuch 200). Aehnlich wie mit dem Fühlen verhält es sich mit dem Begehren, das entsteht, wenn eine Vorstellung nicht frei steigt, sondern sich gegen Hindernisse empordrängt. „Mit welchem Namen — sagt Herbart — sollen wir die fortlaufenden Uebergänge aus einer Gemütslage in die andere bezeichnen, deren hervorstechendes Merkmal das Hervortreten einer Vorstellung ist, die sich *gegen Hindernisse aufarbeitet*, und dabei mehr und mehr alle anderen Vorstellungen nach sich bestimmt, indem sie die einen weckt und die anderen zurücktreibt? Man wird keinen anderen Namen finden als den des *Begehrens*." Somit gehen Fühlen und Begehren auf das Vorstellen zurück. Es kann noch gefragt werden, wohin die *Empfindung* gehört. Darauf giebt es vom Standpunkte der ursprünglichen Herbart'schen Lehre nur eine Antwort, nämlich die von Volkmann S. 51 gegebene: „Die Empfindung ist die durch Uebertragung des Nervenreizes auf die Seele entstandene Vorstellung." In der späteren Entwickelung der Schule ist die Empfindung als das unmittelbare Ergebnis der Einwirkung des Leibes auf die Seele aufgefaßt und von der Vorstellung im engeren Sinne getrennt worden, was uns hier nicht angeht.

Wundt seinerseits geht bei der Bestimmung der psychischen Elemente von der Thatsache aus, daß wir nicht umhin können, in unserer unmittelbaren Erfahrung zwei Bestandteile zu unterscheiden, nämlich einerseits einen objektiven Erfahrungsinhalt und andererseits das erfahrende

Subjekt. Die Elemente des ersteren sind die Empfindungen, die des zweiten die einfachen Gefühle. Eine Empfindung wäre also z. B. ein Ton, eine bestimmte Wärme-, Kälte-, Lichtempfindung, wobei jedesmal von allen Verbindungen dieser Empfindung mit anderen, sowie nicht minder von jeder räumlichen und zeitlichen Ordnung derselben abgesehen wird. Beispiele von Gefühlselementen sind: das Gefühl, das irgend eine Licht-, Schall-, Geschmacks-, Geruchs-, Wärme-, Kälte-, Schmerzempfindung begleitet, oder das Gefühl beim Anblick eines wohlgefälligen oder mißfallenden Objektes u. s. w. Sind mehrere Elemente in einem psychischen Vorgang vereinigt, der sich gegenüber anderen Vorgängen einigermaßen als eine Einheit abgrenzen läßt, so liegt ein psychisches Gebilde vor, und zwar nennt Wundt diese Gebilde Vorstellungen, sobald sie ganz oder überwiegend aus Empfindungen bestehen, Gemütsbewegungen, sobald in ihnen der Gefühlsanteil überwiegt. Die psychischen Thatsachen nun, als deren letzte Bestandteile wir diese Elemente und Gebilde ansehen, sind — darauf legt Wundt entscheidenden Wert — nicht als Objekte oder beharrende Zustände, sondern als Ereignisse aufzufassen, sie verlaufen wie alle Ereignisse in der Zeit und sind in keinem folgenden Momente die nämlichen, die sie in einem vorangegangenen waren. Somit steht Wundt in Bezug auf die psychischen Elemente im entschiedensten Gegensatze zu Herbart. Die „Vorstellung", aus der Herbart alles ableitet, ist bei Wundt ein aus elementaren Empfindungen zusammengesetztes Gebilde; das einfache „Gefühl", das Herbart als eine Folgeerscheinung bestimmter Vorstellungsverhältnisse betrachtet, ist ihm ein unzerlegbares Urphänomen; die „Begierde", die für Herbart nur die Bewegungstendenz einer Vorstellung ist, reiht er den

Gemütsvorgängen ein, womit er alle wesentlich aus einfachen Gefühlen zusammengesetzten Gebilde bezeichnet.

Der Leser möchte vielleicht geneigt sein, diese Verschiedenheit der Terminologie deshalb gering zu achten, weil die Elemente ja doch nicht etwas Gegebenes, sondern etwas durch Analyse und Abstraktion Gewonnenes sind. Aber diese Ansicht würde irrig sein. Gerade in diesen Aufstellungen spiegelt sich eine tiefgehende Verschiedenheit der gesamten Welt- und Lebensauffassung. Wenn Herbart die Begierden als Störung des Gleichgewichtes der Seele betrachtet, die nach Ablauf der Störung wieder in ihren natürlichen Zustand zurückkehrt, so spiegelt sich in dieser psychologischen Darlegung vor allem auch seine Lebensstimmung. Ihm erscheint der Mensch stets in erster Linie als ein denkendes, überlegendes Wesen, das durch Gefühle und Affekte von seinem eigentlichen Berufe abgezogen wird. Nicht bloß Herbart's wissenschaftliche Psychologie, seine ganze Lebensauffassung ist intellektualistisch. Bei Wundt aber finden wir den Menschen vorwiegend als ein von Trieben und Leidenschaften bewegtes, wollendes Wesen. Die Willensvorgänge haben ihm eine typische, für die Auffassung aller psychischen Vorgänge maßgebende Bedeutung. Seine Psychologie ist nicht intellektualistisch, sondern voluntaristisch.

Affekt und Wille, Ausdrucks- und Reflexbewegung.

Wie treffend die von Wundt selbst angewendeten Schlagworte intellektualistisch und voluntaristisch sind, zeigt sich besonders klar bei der Erörterung der wichtigen Begriffe, zu denen ich jetzt übergehe, nämlich Affekt und Wille.

Unter einem Affekt versteht die Herbart'sche Psychologie eine vorübergehende Störung des Gleichgewichtes der Vorstellungen. Der einfachste Fall, an dem man sich die Bedeutung dieser Begriffsbestimmung deutlich machen kann, ist der, daß die Störung durch die plötzliche Wahrnehmung eines äußeren Ereignisses herbeigeführt wird. Dann kann entweder der neue Eindruck alle alten Vorstellungen gewaltsam aus dem Bewußtsein verdrängen und nun in völliger Klarheit allein darin hausen, wie es z. B. bei dem Affekt des Schreckens geschieht; oder der neue Eindruck kann eine Masse von alten Vorstellungen wachrufen, die sich dann ungeordnet ins Bewußtsein drängen, z. B. bei dem Entzücken über den Eintritt eines Ereignisses, das unsere Gedanken lange beschäftigte, auf das wir aber nicht mehr zu hoffen wagten und das uns nun eine Fülle von Aussichten eröffnet. Die eine Art könnte man Affekte der Entleerung (des Bewußtseins), die andere Affekte der Ueberfüllung nennen. Oder, wie Drobisch S. 209 bildlich sagt: „Die Gemütsruhe gleicht dem Wasserstand eines Stromes, der zwischen Seichtigkeit und Ueberschwellung die Mitte hält, oder der mittleren Höhe des Meeres zwischen Ebbe und Flut; der Seichtigkeit und der Ebbe, wie der Ueberschwellung und Flut entsprechen Affekte." Da die Affekte Störungen der Gemütsruhe sind, so werden sie von Gefühlen begleitet sein. Man hüte sich aber — sagt Herbart — vor der von älteren Psychologen aufgestellten Ansicht, daß die Affekte nichts seien als stärkere Gefühle. Denn es giebt Gefühle, welche auch bei höchster Steigerung nicht das Wesen des Affektes zeigen: „man nehme das reinste, zugleich äußerst süße Gefühl der Freundschaft, besonders in Augenblicken, nicht der Not und Dienstleistung, sondern des bloßen Gespräches, welches eine vollkommene Zusammenstimmung der innersten Gesinnungen entfaltet. Kein anderes Gefühl wird mehr als dieses beglücken; aber der Affekt, der es begleitet, ist äußerst gelinde; die Seele kommt dadurch eher *in* Ruhe als *aus* der Ruhe" (6, 102).

Als eine wichtige Nebenerscheinung der Affekte hebt Herbart hervor, daß sie einen starken Einfluß auf den Körper üben können. Dem Zornigen wallt das Blut, schwellen die Muskeln; der Beschämte errötet; der Erschrockene erblaßt, erstarrt; dem Aergerlichen läuft die Galle über; der Furchtsame zittert oder es sträubt sich ihm gar das Haar; der Freudige jauchzt und lacht oder er weint auch wie der Betrübte u. s. w. (Drobisch S. 208).

Mit dem Begriffe des Willens betreten wir ein anderes Gebiet, nämlich das des Begehrens. Ein Begehren ist, wie wir oben S. 12 gesehen haben, gegeben, wenn eine Vorstellung sich gegen Hindernisse aufarbeitet. Unter dem Wollen aber, das nichts anderes ist als eine Abart des Begehrens, versteht Herbart ein Begehren, verbunden mit der Voraussetzung der Erfüllung. „Darum ist ein großer Unterschied zwischen starkem Wollen und starkem Begehren. Napoleon wollte als Kaiser und begehrte auf St. Helena" (Werke 5, 78). Nun ist zwar ein Begehren mit Gefühlen verknüpft, und somit sind in einer Willenshandlung Vorstellen, Begehren und Fühlen vertreten, aber das Gedankliche ist in starkem Uebergewicht. „Es sind — so heißt es bei Herbart S. 81 — zuerst die Gedanken, welche der gewohnten Richtung folgen, und welche, wenn kein Hindernis eintritt, vor allem merklichen Fühlen und Begehren sogleich in Handlung übergehen[1]); stellt

1) Diese Worte sind auch bei Herbart durch den Druck hervorgehoben.

sich aber etwas in den Weg, alsdann schwillt die Begierde an, begleitet von einem Gefühl der Mühe und der angestrengten Thätigkeit."

Daß Wundt mit diesen Anschauungen nicht einverstanden ist, läßt sich nach seinen Grundsätzen denken. Zunächst muß für ihn das Begehren als Ausgangspunkt einer Erklärung wegfallen, denn das Begehren ist ihm ja nicht ein Element, sondern ein psychisches Gebilde wie die Vorstellung, von der es sich nur durch das Ueberwiegen der Gefühlsmasse unterscheidet. Sodann läßt sich von vornherein annehmen, daß Wundt bei dem Willen nicht die Verstandes-, sondern die Gefühlsseite betonen wird. Somit ergiebt sich statt zweier nebeneinander liegender, von einander unabhängiger Phänomene eine zusammenhängende Entwickelungsreihe, welche mit dem einfachen Gefühl beginnt, zu den zusammengesetzten Gefühlen fortschreitet, von da zum Affekt gelangt und mit dem Willen endigt. Wenn dabei Wundt den Affekt auf das Gefühl gründet, so geschieht das doch nicht in der von Herbart getadelten Weise der alten Psychologie; der Affekt ist für Wundt nicht ein gesteigertes Gefühl, sondern ein mit Empfindungselementen durchsetzter Gefühlsverlauf, der so beschrieben wird: „Wo sich eine zeitliche Folge von Gefühlen zu einem zusammenhängenden Verlaufe verbindet, der sich gegenüber den vorausgegangenen und den nachfolgenden Vorgängen als ein eigenartiges Ganzes aussondert, das im allgemeinen zugleich intensivere Wirkungen auf das Subjekt ausübt als ein einzelnes Gefühl, da nennen wir einen solchen Verlauf von Gefühlen einen Affekt" (Grundriß S. 201). Der typische Verlauf eines Affektes ist der folgende: er beginnt mit einem Anfangsgefühl, das sofort nach Art und Richtung für den Affekt kennzeichnend ist, dann setzt ein von entsprechenden Gefühlen begleiteter Vorstellungsverlauf ein, und den Schluß bildet ein Endgefühl, welches sozusagen als Rest in der ruhiger gewordenen Gemütslage zurückbleibt.

Der Affekt ist also gegenüber dem Gefühl ein Prozeß höherer Ordnung, und ebenso verhält sich dem Affektvorgang gegenüber der Willensvorgang. Das kann man sich am besten klar machen, wenn man sich einen derartigen Vorgang von ganz roher und ursprünglicher Art vorstellt. Ein Mensch ist von einem Angreifer geschädigt, und es entwickelt sich in ihm der Affekt der Wut und des Rachedurstes, welcher sich in einer den Angreifer schädigenden Handlung entlädt, wodurch dann in dem Menschen das Lustgefühl befriedigter Rache entsteht. Ein solcher Vorgang gleicht in seinem ersten Teile völlig einem Affektvorgang, im Zusammenhang des Ganzen aber erscheint dieser erste Teil als Motiv der Handlung, die ihrerseits, da sie durch vorhergehende seelische Ereignisse motiviert ist, die Eigenschaft einer gewollten erhält. Der Vorgang klingt ab in einem Gefühlsverlauf, der von entgegengesetzter Art ist als derjenige, welcher den Vorgang begann. Ein Ereignis wie das geschilderte wird von Wundt ein äußerer Willensvorgang genannt und die in ihm enthaltene Handlung eine Willenshandlung. Wir haben in einem derartigen Verlauf den ursprünglichen Typus zu erblicken, aus dem sich allmählich die mannigfaltigen menschlichen Willensvorgänge entwickelt haben. An die äußeren Willensvorgänge schließen sich im Laufe dieser Entwickelung die inneren, welche sich dadurch auszeichnen, daß die Handlung ausgeschaltet ist, so wenn in unserem Falle an die Stelle des Racheaktes die Verzeihung tritt. Das rein psychische Bild bleibt aber dabei dasselbe, so daß auch in diesem Falle die Beschreibung zutrifft, wonach ein Willensvorgang dann entsteht, wenn der Affektvorgang in eine plötzliche Veränderung des Vorstellungs- und Gefühlsinhaltes übergeht, die den Affekt momentan zum Abschlusse bringt (Grundriß S. 217). Sodann zeigt uns die Geschichte des Menschengeschlechtes eine fortdauernde Ermäßigung der Affekte, welche zwar nicht überall auftritt, aber doch als Möglichkeit gegeben ist, so daß schließlich Willensvorgänge entstehen können, denen man den Affekt so gut wie gar nicht mehr anmerkt. Aber nur so gut wie gar nicht. Denn wenn auch die Affekterregung bei vielen Entschließungen und Entscheidungen so schwach und vorübergehend sei, daß wir sie leicht übersehen, so sei doch ein rein affektloses Wollen ein psychologisch unmöglicher Begriff (Grundriß S. 226). Eine Einteilung der Willensvorgänge, mögen sie nun äußere oder innere, mehr mit Gefühlen oder mehr mit Vorstellungen versehen sein, ergiebt sich aus einer näheren Betrachtung des Motivs. Ist der Vorgang von einem einzigen Motiv bestimmt, so wird er von Wundt als einfacher Willensvorgang und die dazu gehörige Handlung als Triebhandlung bezeichnet; findet aber ein Kampf der Motive statt, so entsteht ein Wahlvorgang und im Anschluß daran eine Willkürhandlung. Ein näheres Eingehen auf diese Erörterungen gehört nicht in den Rahmen meiner Aufgabe.

Dagegen ist von Wert für die Einsicht in das Werden und Wesen der Sprache, was über die physischen Begleiterscheinungen bei den Affekten und Triebhandlungen gesagt wird, die, wie die obige Darstellung zeigt, übrigens ohne feste Grenze ineinander verfließen. Auch an dieser Stelle zeigt sich zwischen Herbart und Wundt ein sehr erheblicher Unterschied der Meinungen, der bedingt ist durch die verschiedenartige Beurteilung des Problems von dem Verhältnis zwischen Leib und Seele. Ein Anhänger der Herbart'schen Psychologie würde sich, wie schon oben S. 16 angedeutet ist, etwa so vernehmen lassen: Ein äußerer Eindruck[1]) wirkt auf meine Nerven, welche den Reiz dem nervösen Centralorgan zuführen. Dieses übt in nicht näher anzugebender Weise eine Wirkung auf die Seele, in welcher, indem sie sozusagen durch einen Stoß aus dem Gleichgewicht gebracht wird, der Zustand des Affektes entsteht. Darauf wirkt die Seele ihrerseits auf das Centralorgan, durch welches motorische Nerven und weiterhin Muskeln in Thätigkeit versetzt werden. Die Muskelbewegung ist also eine Folgeerscheinung des Affektes. Die Seele zieht den Organismus in Mitleidenschaft. Bei Wundt dagegen kann natürlich nicht eine Seelensubstanz auf den Körper wirkend gedacht werden, sondern man muß gemäß dem Princip des psychophysischen Parallelismus annehmen, daß ein Affekt in allen seinen Aeußerungen im Grunde genommen ein einheitlicher Vorgang ist. „In der That finden wir — so heißt es Völkerpsychologie 1, 83 — bei unbefangener Betrachtung der Erscheinungen keinerlei Gründe, die es rechtfertigen könnten, in dem Gesamtbilde seelischer und körperlicher Vorgänge, das uns ein Affekt darbietet, einem dieser Bestandteile die zeitliche Priorität vor dem anderen einzuräumen. Wenn die gewöhnliche Auffassung die Gemütsbewegung als das Vorangehende, ihre physischen Symptome als das Nachfolgende ansieht, so hat sie darin natürlich recht, insoweit es sich nur um die äußeren, sichtbaren Symptome handelt. Damit ist aber nicht gesagt, daß auch die centralen Innervationsvorgänge,

1) Ich schließe den Fall, daß ein innerer Anreiz den Affekt verursachen könnte, der Einfachheit wegen aus.

deren Wirkungen erst jene Symptome sind, später als die Affekte selbst wären. Vielmehr spricht alle Wahrscheinlichkeit dafür, daß, sobald wir auf diese centralen Prozesse zurückgehen, der Affekt und seine physischen Korrelaterscheinungen gleichzeitig beginnen, und daß sie ebenso in ihrem weiteren Verlauf einander zugeordnet sind. Damit ist von selbst schon gesagt, daß auch die entgegengesetzte Auffassung, wonach der physische Vorgang der Zeit nach das Erste, der Affekt aber das Nachfolgende sein soll, keinerlei Stütze in der Erfahrung findet. In Wahrheit sind Affekt und Ausdrucksbewegung zusammen ein einziger psychophysischer Vorgang, den wir erst auf Grund einer durch die Erfahrung geforderten Analyse und Abstraktion in jene zwei Bestandteile sondern".

Wie man aus der angeführten Stelle sieht, bezeichnet Wundt die zu einem Affekt gehörigen äußerlich sichtbaren, mit Hülfe von Muskelthätigkeit ausgeführten Körpervorgänge als Ausdrucksbewegungen. Da er nun ferner wie wir sehen werden, die Sprache als Ausdrucksbewegung charakterisiert, lohnt es sich wohl, einen Augenblick bei diesem Begriff zu verweilen. Zugleich aber wird es richtig sein, den naheliegenden Begriff der Reflexbewegung, unter den die Sprache bekanntlich von anderen Gelehrten eingereiht wird, mitheranzuziehen. Was zunächst die Ausdrucksbewegungen betrifft, so dürfte es sich empfehlen, an das berühmte Buch von Darwin über den Ausdruck der Gemütsbewegungen bei Menschen und Tieren anzuknüpfen, das Wundt 1, 73 ff. einer kritischen Betrachtung unterzieht. Wie man weiß, ist Darwin der Ansicht, daß die Ausdrucksbewegungen ursprünglich zweckmäßige Handlungen waren, so z. B. das Ballen der Faust des Zornigen, das Zusammenfahren des Erschreckten, welches ursprünglich der Beginn des Sprunges gewesen sein soll, der die Flucht einleitet. In vielen Fällen ist diese Erklärung einleuchtend, in anderen aber kommt man in Verlegenheit. So wird man sich z. B. vergeblich bemühen, irgend welche Zweckmäßigkeit in den Bewegungen eines Hundes zu erkennen, der sich uns in freundlicher oder schmeichelnder Weise nähert. Derartige Vorgänge zu erklären, führt Darwin das Prinzip des Kontrastes ein. Ein Hund macht die beschriebenen Bewegungen, weil sie zu den Angriffsbewegungen in ebenso deutlichem Gegensatz stehen, wie die Gefühle der Freundlichkeit und Schmeichelei zu denen des Zornes und der Wut. An dieser Stelle nun setzt die Kritik von Wundt ein. Treffend, so scheint mir, führt er gegen Darwin aus, daß der Begriff des Kontrastes wohl einen Einteilungsgrund abgeben, aber nicht eine treibende Kraft im Inneren handelnder Wesen bedeuten kann, und daß man sich also nach einer Fassung umsehen muß, unter die sowohl die nützlichen Ausdrucksbewegungen fallen, als die zahlreichen, bei denen ein Nutzen gar nicht oder nur mit Zwang herausgefunden werden kann. Diese Fassung aber kann keine andere sein, als daß eben in der Bewegung der Affekt zum Ausdruck kommt. Ausdrucksbewegungen können nützlich sein, wenn sie Teile eines Willensverlaufes sind, an sich betrachtet aber sind sie durchaus zwecklose Entladungen. Haben danach die Ausdrucksbewegungen keinen Zweck, so haben sie auch nicht etwa den Zweck der Mitteilung. Dieses Element kommt in die mimischen und pantomimischen Bewegungen so gut wie in die Sprachlaute erst durch den Wechselverkehr der Individuen.

Der zweite der hier zu erwähnenden Begriffe ist der der Reflexbewegung, die bekanntlich darin besteht, daß ein sensibler Reiz auf motorische Nerven übertragen und durch eine ihm im allgemeinen zweckmäßig zugeordnete Muskelbewegung beantwortet wird. Nach einer weit verbreiteten Ansicht, die z. B. in Lazarus' Leben der Seele vorgetragen wird, gehen die Reflexbewegungen den Willenshandlungen vorher, nach Wundt aber ist diese Auffassung unmöglich, weil durch sie die Zweckmäßigkeit der Bewegung nicht erklärt werden könne. Will man diese erklären, so kann man nur annehmen, daß der Weg vielmehr der umgekehrte gewesen ist, daß also die Reflexbewegung aus der Willenshandlung entstanden ist, was dadurch geschehen konnte, daß bei dieser der Vorstellungsbestandteil infolge von Einübung überflüssig wurde. Eine Reflexbewegung ist also eine mechanisierte Willenshandlung. Auf diesem Wege sehen wir Reflexbewegungen im Leben des Einzelnen häufig genug entstehen. Wir können aber nicht umhin, den gleichen Vorgang auch schon in die generelle Entwickelung zu verlegen. Denn es scheint ausgemacht, daß Neugeborene auf Geschmacksreize reflektorisch antworten. Somit würden bei dem Einzelnen ererbte und erworbene Reflexe anzunehmen sein. Man sieht leicht ein, daß ein solcher Begriff der Reflexbewegung für die Erklärung der Lautsprache nicht brauchbar ist, da er die Erzeugung der Laute von dem ursprünglichsten menschlichen Triebleben loslösen würde. Das ist der Grund, weshalb Wundt die Sprache nicht zu den Reflex-, sondern zu den Ausdrucksbewegungen gerechnet sehen will.

Association und Reproduktion. Bewusstsein und Unbewusstes.

Ich kann die Darstellung der in der Ueberschrift genannten Begriffe nicht besser einleiten, als indem ich einige

Sätze aus Drobisch's empirischer Psychologie mitteile. Es heißt dort S. 86: „Vorstellungen, die entweder gleichzeitig oder unmittelbar nacheinander den höchsten Grad der Klarheit im Bewußtsein erreichen, gehen Verbindungen ein, die bleibend sind und auch dadurch nicht aufgelöst werden, daß beide Vorstellungen kürzere oder längere Zeit in Vergessenheit kommen. Es bedarf immer nur der Wiedererweckung der einen von beiden, um auch die andere, wenigstens in einem gewissen Grade von Klarheit, ins Bewußtsein hinaufzuführen. Bei dieser Verbindung kommt der besondere Inhalt der Vorstellungen nicht in Betracht; disparate und entgegengesetzte Vorstellungen verbinden sich ebenso gut wie nahe gleiche; daher denn auch infolge solcher Verbindungen ähnliche und kontrastierende Vorstellungen nicht weniger als solche, deren Inhalt verschiedenen Empfindungsarten entspricht, reproduciert werden. Diese Verbindungen heißen im allgemeinen die Associationen der Vorstellungen. Will man die Verbindung der homogenen von derjenigen der disparaten Vorstellungen unterscheiden, so kann man mit Herbart jene Verschmelzungen, diese Komplikationen nennen. Hiernach ist also die Verbindung zweier Ton- oder Farbenvorstellungen eine Verschmelzung, die eines Geruchs einer Speise mit ihrem Geschmack und dem anschaulichen Bilde derselben eine Komplikation. Weitere Beispiele von Associationen würden sein die Reihen aller Art, zu welchen sich Wörter verbinden, die Verknüpfung von Erinnerungen an Erlebtes mit gewissen Oertlichkeiten oder Menschen" u. s. w. Schon aus dem bisher Beigebrachten läßt sich voraussagen, wie Wundt sich zu diesen Ausführungen stellen wird. Er muß seiner Grundansicht gemäß gegen die intellektualistische Bevorzugung der „Vorstellung" Einsprache erheben. In der That läßt sich nicht einsehen, warum das „Gefühl“, wenn man diesen Begriff so auffaßt, wie es Wundt thut, von der Fähigkeit sich zu associieren ausgeschlossen sein soll. Sodann nimmt er Anstoß an der auch hier hervortretenden Verdinglichung der Vorstellungen. Den Herbartianern sind die Vorstellungen eine Art von Objekten, die sich zu festen und bleibenden Verbindungen zusammenthun. Für Wundt aber giebt es in der Seele keine Einheiten als die Elemente (einfache Gefühle und Empfindungen); diese Einheiten aber sind nicht Objekte, sondern Ereignisse. Sind sie aber Ereignisse, so sind auch die aus ihnen entstehenden Gebilde nicht beharrende Substanzen, sondern Vorgangskomplexe, innerhalb deren sich stets ein gewisser eiserner Bestand gleicher Elementarvorgänge zusammenfindet, die sich also gegen die sonstigen Vorgänge des Bewußtseins als relative Einheiten abgrenzen, die aber in sich nicht starr, sondern bewegt sind, insofern stets einzelne Bestandteile verschwinden, andere aber neu hinzukommen können. Danach hat man sich auch die Associationen solcher Gebilde nicht so zu denken, daß feste Ringe sich zu einer Kette verbinden, sondern die Verbindung der Vorgangsmassen erfolgt dadurch, daß die gleichen Bestandteile derselben sich anziehen. Im Rahmen dieser Betrachtungsweise sind alle Associationen schließlich Elementarvorgänge, und es wäre nichts dagegen einzuwenden, wenn man jede Verbindung von Elementen als Association bezeichnen wollte. Aus praktischen Gründen aber zieht Wundt es vor, diese Bezeichnung auf die Verbindung solcher Elemente zu beschränken, welche verschiedenen Gebilden angehören. Einen dritten Einwand erhebt Wundt gegen die Gewohnheit der Herbartianer, bei dem Worte Association zunächst an successive Vorgänge zu denken, eine Gewohnheit, die, wie sich sogleich noch weiter zeigen wird, mit Herbart's Ansicht von dem Wesen der Reproduktion zusammenhängt. Wundt leugnet natürlich nicht, daß es successive Associationen giebt, erleben wir solche doch oft genug, z. B. wenn wir lange nach dem Namen einer Person suchen und sich erst nach langem Besinnen das im Bewußtsein stehende Bild mit dem Wort zusammenfindet; aber er betont, daß in den weitaus meisten Fällen die Verbindungen sich in einem Zeitverlauf vollziehen, der dem Bewußtsein als eine Einheit erscheint, die Associationen also simultan sind. Unter diesen nun wiederum unterscheidet er zwei Klassen. Sind die Gebilde, deren Elemente sich associieren, gleichartig, so nennt er den Vorgang eine Assimilation, sind sie ungleichartig, eine Komplikation[1]). Ein Beispiel für den Assimilationsvorgang wäre das gewöhnliche Hören oder Lesen von Worten, wobei wir stets nur einen Teil durch das Ohr oder Auge aufnehmen, die Ergänzung aber dadurch eintritt, daß sich Elemente früherer Vorstellungen mit den gegenwärtigen Eindrücken assimilieren. Als Beleg für eine Komplikation dagegen kann jede einzelne Wortvorstellung dienen. Eine solche bildet sich für einen Lernenden, der einer Sprachgenossenschaft angehört, zunächst dadurch, daß er einen Gehörseindruck erhält, welcher für die Wissenden derselben Gemeinschaft infolge früherer Ereignisse mit einer sogenannten Bedeutung, d. h. am letzten Ende einem Vor-

---

1) Wundt berührt sich also in der Terminologie mit Drobisch. Der Unterschied aber ist der, daß Drobisch jede Verbindung ungleichartiger Bestandteile eine Komplikation nennt, auch wenn diese Bestandteile einem und demselben größeren Gebilde angehören, während Wundt den Namen Association auf die Verbindung der Elemente verschiedener Gebilde beschränkt. Was Drobisch als Beispiel für eine Komplikation anführt, würde Wundt seinerseits eine Verschmelzung nennen.

stellungsverlauf oder einer Gemütsbewegung associiert ist. Allmählich geht diese Bedeutung auch dem Lernenden auf. Indem er den Gehörseindruck wiederzugeben lernt, entsteht bei ihm ferner ein Gefühl dafür, welche Bewegungen er ausführen muß, um denselben Gehörseindruck, den er empfangen hatte, auch seinerseits hervorzubringen. Dieses Gefühl nennt man das Bewegungsgefühl oder besser (so Wundt) die Artikulationsempfindung. Somit ist eine Wortvorstellung in der That schon etwas „Kompliciertes". Natürlich aber wird aus diesen verschiedenen Bestandteilen infolge der Uebung eine relative Einheit, und es können dann wieder mehrere solcher relativ einheitlichen Gebilde in eine Assimilationsverbindung treten.

Ich komme nun zu den Begriffen Bewußtsein und Reproduktion, die sich in der Darstellung nicht scheiden lassen. Jeder Beobachter überzeugt sich — so sagt Herbart — von der Enge unseres Bewußtseins. Nur eine begrenzte Zahl von Vorstellungen hat in ihm zu gleicher Zeit Platz. Strömen neue hinzu, so werden die alten von ihnen verdrängt, aber nur für eine gewisse Zeit. Wenn wieder Platz ist, tauchen sie wieder empor. Sie waren also nicht tot, sondern nur eine Zeit lang gebunden, das Vorstellen hatte sich in ein Streben vorzustellen verwandelt. Eine jede Vorstellung dauert in diesem Sinne unbegrenzt fort, so daß jede unter glücklichen Umständen wieder ins Bewußtsein kommen kann. In der That ereignet es sich ja, daß Jugendeindrücke, an die man viele Jahre nicht gedacht hat, plötzlich mit erstaunlicher Frische zum Vorschein kommen, daß Kranke im Delirium Sprachen reden, die ihnen im gewöhnlichen Leben längst abhanden gekommen sind, und anderes der Art, woraus sich schließen ließe, das nichts verloren geht, was einmal im Bewußtsein war. Indessen, mag auch diese letztere Behauptung zu weit gehen, das scheint doch klar zu sein, daß Vorstellungen aufbewahrt werden. Man spricht, indem man dies behauptet, allerdings nur eine Annahme aus, aber, so meint Drobisch S. 83, eine im höchsten Grade wahrscheinliche, tausendfach und immer wieder von neuem sich bestätigende, ohne welche fast alle anderen geistigen Phänomene, von denen sie recht eigentlich der Schlüssel ist, unbegreiflich sein würden. Ist es demnach klar, daß Vorstellungen aufbewahrt werden, so ist doch auch zugleich sicher, daß diese Aufbewahrung nicht ein Akt unseres Bewußtseins ist, das ja, wie schon bemerkt wurde, nur weniges auf einmal fassen kann. Alles andere sinkt unter die Schwelle des Bewußtseins in den dunklen Raum des Unbewußten, aus dem es zu gelegener Zeit wieder auftaucht. Was geht nun dort mit den Vorstellungen vor? Liegen sie dort unbewegt und unverändert, oder geschieht etwas mit ihnen, verändern sie sich? Die Erfahrung scheint für das letztere zu sprechen. Wissen wir doch alle — um nur einen Fall herauszugreifen — daß eine Sache sich anders ansieht, wenn wir sie einmal beschlafen haben, d. h. daß im traumlosen Schlaf, also in einem Zustande ohne Bewußtsein, die Heftigkeit der Gefühle sich mildert, dadurch die mit gewissen Gefühlen angefüllten Vorstellungsmassen an Einfluß verlieren, andere, die am Tage zurückgedrängt waren, in die Höhe kommen, und wir somit am Morgen ohne unser Zuthun die Lage so geklärt finden, daß wir ein anderes Urteil gewinnen als am Abend vorher. Unter den Anhängern der Herbartschen Lehre hat sich besonders Steinthal in diesen Gedankengang vertieft. Er hat in seiner Einleitung in die Psychologie und Sprachwissenschaft, wo er die Erscheinungen der Apperception erörtert (also namentlich S. 237 ff.), eingehend zu zeigen gesucht, „daß auch die unbewußten Vorstellungen in Verbindungsverhältnissen stehen, verschmolzen und verflochten sind und sowohl bezüglich ihrer Wirksamkeit auf den Körper zur Veranlassung und Leitung der Bewegungen desselben sich als associiert erweisen, wie auch geistig ihre Verbindungen und Associationen als Gesetz und Trieb regelnd und schöpferisch auftreten" (S. 166). Den Uebergang vom Bewußtsein zum Unbewußtsein denkt Steinthal sich nicht plötzlich, sondern nimmt zwischen Tag und Nacht eine Dämmerung an. Es giebt Grade des Bewußtseins, wobei dann natürlich die zeitlich dem Zustande der Bewußtheit noch ganz nahe liegenden einen höheren Grad von Klarheit haben als die weiter zurückliegenden. So seien z. B. die eben gehörten Worte einer Periode in dem Augenblick, wo das letzte Wort der Periode erklingt, nicht mehr im Bewußtsein, aber noch nicht ganz verdunkelt, da sie ja noch zum Verständnis des Ganzen mitwirken. Solche Vorstellungen nun, welche, ohne bewußt zu sein, dennoch wirken, nennt er schwingende Vorstellungen, ein Ausdruck, der nicht selten auch von Sprachforschern verwendet wird. An Steinthal schließt sich Paul in seinen Principien der Sprachgeschichte, wo er sich S. 23 u. a., wie folgt, äußert: „Vielleicht der bedeutendste Fortschritt, den die neuere Psychologie gemacht hat, besteht in der Erkenntnis, daß eine große Menge von psychischen Vorgängen sich ohne klares Bewußtsein vollziehen, und daß alles, was im Bewußtsein gewesen ist, als ein wirksames Moment im Unbewußten bleibt. Diese Erkenntnis ist auch für die Sprachwissenschaft von der größten Tragweite und ist von Steinthal in ausgedehntem Maße für dieselbe verwertet werden. Alle Aeußerungen der Sprechthätigkeit fließen aus diesem dunklen Raume des Unbewußten in der Seele.“ Indem Paul dann die mannigfaltigen Verbindungen erwähnt, welche die Wörter mit einander eingehen, fährt er fort: „Diese wenigstens ursprünglich durch die Außenwelt gegebenen Gruppen organisieren sich nun in der Seele jedes Individuums zu weit reicheren und verwickelteren Verbindungen, die sich nur zum kleinsten Teile bewußt vollziehen und dann auch unbewußt weiter wirken, zum bei weitem größeren Teile niemals wenigstens zu klarem Bewußtsein gelangen und nichtsdestoweniger wirksam sind.“ Dazu füge man noch einige Sätze, in welchen die Bedeutung solcher Verbindungen betont wird: „Die geschilderten psychischen Organismen sind die eigentlichen Träger der historischen Entwickelung. Es ist eine irreführende Ausdrucksweise, wenn man sagt, daß ein Wort aus einem in einer früheren Zeit gesprochenen Worte entstanden sei. Als physiologisch-physikalisches Produkt geht das Wort spurlos unter, nachdem die dabei in Bewegung gesetzten Körper wieder zur Ruhe gekommen sind. Und ebenso vergeht der physische Eindruck auf den Hörenden. Wenn ich dieselben Bewegungen der Sprachorgane, die ich das erste Mal gemacht habe, ein zweites, drittes, viertes Mal wiederhole, so besteht zwischen diesen vier gleichen Bewegungen keinerlei physischer Kausalnexus, sondern sie sind unter einander nur durch den psychischen Organismus vermittelt. Nur in diesem bleibt die Spur alles Geschehenen, wodurch weiteres Geschehen veranlaßt werden kann, nur in diesem sind die Bedingungen geschichtlicher Entwickelung gegeben.“

Diese Ausführungen lassen sich populär so zusammenfassen. Wir unterscheiden in der Seele mit einem bildlichen, aber unverwerflichen Ausdruck einen kleineren hellen

Raum: das Bewußtsein, und einen größeren dunklen: das Unbewußte. Auf die von außen kommenden Anregungen hin entstehen zunächst Gebilde im Bewußtsein, die dann aber, wenn sie von anderen verdrängt werden, einzeln oder verbunden in den dunklen Raum hinabsinken. Dort werden sie entweder ruhig aufbewahrt, oder sie können aufeinander wirken, so daß im Unbewußten auch neue Verbindungen entstehen können. Kommt nun im Bewußtsein, sei es durch Anregung von außen, sei es durch Anregung von innen, eine Vorstellung zur Herrschaft, welche mit den im Unbewußten vorhandenen etwas gemein hat, so werden die letzteren durch die erstere unmittelbar oder mittelbar reproduziert, d. h. sie werden in der Gestalt, die sie im Unbewußten hatten, wieder ins Bewußtsein eingeführt.

Indem ich nun zu Wundt übergehe, berichte ich zunächst, daß die Experimentalpsychologie über die Enge des Bewußtseins einige nähere Ermittelungen angestellt hat (vergl. Grundriß S. 251) und daß Wundt, ähnlich wie wir es ja auch bei Steinthal fanden, Grade des Bewußtseins anerkennt und demnach von dunkel bewußten und klar bewußten Inhalten des Bewußtseins redet (z. B. Grundriß S. 257). Dabei bedient er sich gewisser bildlicher Wendungen, insofern er diejenigen Inhalte des Bewußtseins, denen die Aufmerksamkeit zugewandt ist, als den inneren Blickpunkt, die Gesamtheit der in einem gegebenen Moment vorhandenen Inhalte aber als das innere Blickfeld bezeichnet. Zugleich wendet er aber auch die uns bereits bekannten Bilder an, indem er z. B. sagt, eine Vorstellung sinke unter die Schwelle, oder sie weile im dunklen Hintergrunde des Bewußtseins u. ähnl. Indeß hinter dieser Gleichheit der Bilder verbirgt sich die denkbar größte Verschiedenheit der Ansichten, soweit es die Vorgänge der Reproduktion angeht. Nach Wundt sind ja die psychischen Elemente und Gebilde nicht Objekte, sondern Ereignisse. Ereignisse aber können nicht aufbewahrt werden. Folglich darf man sich nicht wundern, wenn Wundt erklärt, daß es eine Reproduktion der Vorstellungen, wie sie von Herbart angenommen wird, überhaupt nicht geben kann und nicht giebt. Nun ist ja aber natürlich die Thatsache, daß irgend welche psychische Vorgänge sich auf geschehene Anregung von innen heraus in späterer Zeit in derselben oder doch in ähnlicher Weise wiederholen können, nicht wegzuleugnen, und es fragt sich, wie man sich nach Wundt diesen Vorgang zu denken hat. Die Antwort ist: nicht die Vorgänge bleiben, sondern Nachwirkungen derselben. Die Nachwirkungen oder Elemente früherer Vorstellungen sind es, die bei der sogenannten Reproduktion eine Rolle spielen, indem sie sich mit Elementen einer neu hinzukommenden Vorstellung verbinden, und Reproduktion ist also „nicht die Erneuerung einer früher schon einmal dagewesenen Vorstellung, sondern die Entstehung einer Vorstellung, die vermöge bestimmter Assimilationsverbindungen als ein direkter Hinweis auf eine früher dagewesene Vorstellung betrachtet wird“ (Phys. Psych. 2, 441). Wenn man diese Definition recht erwägt, wird man eine Stelle des Grundrisses zu würdigen verstehen, wo es S. 248 heißt: „Der Uebergang irgend eines psychischen Vorganges in den unbewußten Zustand wird das Sinken unter die Schwelle des Bewußtseins, das E n t s t e h e n irgend eines Vorganges die Erhebung über die Schwelle des Bewußtseins genannt.“ Ein Herbartianer würde statt „Entstehen eines Vorganges“ sagen „das Auftauchen einer Vorstellung aus dem Raume des Unbewußten“. Auf die nahe liegende Frage, was man sich im genaueren unter diesen Residuen, oder, wie Wundt sich gewöhnlich ausdrückt, Anlagen oder Dispositionen zu denken habe, ist nun freilich, soweit es die psychische Seite eines Vorganges betrifft, nichts zu erwidern. Der Begriff der Disposition ist auf diesem Gebiete lediglich ein Hülfsbegriff, der irgend eine uns nur in ihren Wirkungen auf die thatsächlich beobachteten Vorgänge gegebene, abgesehen von dieser Wirkung aber völlig unbekannte Bedingung zur Entstehung gewisser psychischer Erlebnisse oder zur Abänderung anderer bezeichnet (1, 541). Eher läßt sich schon etwas über den physischen Parallelvorgang sagen. Auf diesem Gebiet nämlich versteht Wundt unter Disposition die durch Uebung hervorgerufene Bereitschaft gewisser Teile der Großhirnrinde, früher dagewesene Vorgänge ein folgendes Mal leichter, besser, schneller in die Erscheinung treten zu lassen. Es soll also die von früheren Vorgängen zurückbleibende Disposition nicht etwa mit dem Nachbild in einem Auge, das geblendet war, sondern etwa mit der durch Uebung gewonnenen Fähigkeit, eine gewohnte Entfernung gut abzuschätzen, also dem sogenannten Augenmaß verglichen werden (Phys. Psych. 2, 473 ff.). Es ist wichtig, sich diese Ausführungen gegenwärtig zu halten, um sich klar zu machen, wie weit der Physiologe Wundt von der naiven Vorstellung entfernt ist, als ob die Ganglienzellen Depots darstellten, in welchen Photographieen der Vorstellungen aufbewahrt würden. Vielleicht wird das Verständnis dieser nicht so ganz leicht aufzufassenden Gedankengänge erleichtert, wenn ich den Unterschied zwischen Herbart und Wundt an einem Beispiel erläutere. Es sei die Aufgabe gestellt, anschaulich zu machen (zu „erklären“, wie man zu sagen pflegt), warum wir an Dienstag denken, wenn wir das Wort Montag hören.

Herbart würde sagen: die Vorstellungen M und D haben sich im Bewußtsein so oft berührt, daß sie sich associiert haben, und sind als associierte im Unbewußtsein. Wenn nun M etwa durch Anregung von außen wieder einmal ins Bewußtsein tritt, zieht es das alte M aus dem Unbewußtsein an sich heran, so daß beide verschmelzen. Da nun aber D mit M associiert ist, wird es auch mit hervorgezogen, mittelbar reproduziert, wie man in der Kunstsprache sagt. Wundt aber würde sich etwa so ausdrücken. Dem durch Erregung von außen her ins Bewußtsein tretenden Vorgang M entsprechen in den in Betracht kommenden Teilen der Großhirnrinde ausgefahrene Geleise, so daß die Erregungen prompt befördert werden. Diesen Erregungen gehen irgend welche nicht näher zu beschreibende psychische Nachwirkungen früherer Vorgänge parallel, unter deren Einfluß im Bewußtsein gewisse Vorgänge entstehen und sich dort mit den gleichen Elementen des Vorganges M assimilieren. Nun ist aber früher wiederholt mit dem Erregungsgebiet für M auch das für D in Thätigkeit versetzt worden, und so hat auch dieses in unserem Falle eine Mitdisposition. Dementsprechend treten Nachwirkungen von D mit denen von M zusammen im Bewußtsein auf, wo aus ihnen der Vorstellungsvorgang D entsteht, was darum geschehen kann, weil die verschiedenen Residuen der oftmaligen Vorgänge D sich zu einem Gesamtbilde ergänzen [1]). Die Vorstellungsbildung vollzieht sich in dem dunkleren Teile, dem sogenannten Blickfeld des Bewußtseins. Alle diese Vorgänge spielen sich infolge der sie erleichternden Uebung im Nu ab.

1) Der Ausdruck, daß die Residuen sich vereinigen, ist nur der Kürze wegen gewählt worden. Genauer sollte man sagen, daß die durch die Dispositionen irgendwie erregten psychischen Vorgänge sich vereinigen.

Apperception. Begriff und Urteil.

Der Ausdruck Apperception stammt von Leibniz, bei dem er eine von innen her kommende Vorstellungskraft der Monade bezeichnet, die von dem bloßen Vorstellen verschieden ist. Die bewußte Vorstellungskraft bemächtigt sich ihrer Vorstellungen, sie nimmt dieselben als die ihrigen in Besitz, sie hat, was die bloße Vorstellung nur ist, darum ist sie die Apperception im Unterschiede von jener, die nur Perception war. Oder mit den eigenen Worten des Philosophen: „Perception ist der innere Zustand der Monade, welche die Außenwelt vorstellt, Apperception ist das Bewußtsein (*conscience*) oder die Reflexion jenes inneren Zustandes (*connaissance réflexive de cet état intérieur*), die nicht allen Monaden gegeben ist" (Kuno Fischer, Leibniz S. 467). Danach wäre Apperception eine Handlung der Seele, des Gesamtbewußtseins. In der Herbart'schen Psychologie aber wird der Ausdruck Apperception — wenigstens gewöhnlich — enger gebraucht, indem er auf einen zwischen zwei Vorstellungsmassen sich abspielenden Vorgang angewendet wird, und zwar zunächst in dem Falle, wo eine neue Masse durch eine alte aufgenommen und damit sozusagen an ihren richtigen Platz im Bewußtsein gestellt wird. Ein Mensch kommt uns auf der Straße entgegen. Dadurch wird ein Eindruck hervorgerufen, der zunächst noch undeutlich ist. Es werden aber in unserem Innern durch den Eindruck verwandte Vorstellungen angeregt, die sich allmählich ordnen und den neuen Eindruck in sich aufnehmen, ihn appercipieren, so daß nun der Mensch als ein bestimmter erkannt wird. Doch braucht die eine Masse nicht in einem neuen, von außen her kommenden Eindruck zu bestehen, es können auch beide Massen aus reproduzierten Vorstellungen zusammengesetzt sein.

Im Gegensatz zu Herbart knüpft Wundt, soweit es im Rahmen seiner Psychologie möglich ist, wieder mehr an Leibniz an (vergl. Phys. Psych. 2, 267). Er versteht unter Apperception Perception plus Aufmerksamkeit, oder um es mit seinen eigenen Worten zu sagen: „Den durch eigentümliche Gefühle charakterisierten Zustand, der die klarere Auffassung eines psychischen Zustandes begleitet. nennen wir die Aufmerksamkeit, den einzelnen Vorgang, durch den irgend ein Inhalt zu klarerer Auffassung gebracht wird, die Apperception. Dieser stellen wir die sonstige ohne den begleitenden Zustand der Aufmerksamkeit vorhandene Auffassung von Inhalten als die Perception gegenüber“ (Grundriß 248). Da nun die Gefühle, welche zu dem Aufmerksamkeitsvorgange gehören, nach Wundt (ebenda 259) vollständig mit dem allgemeinen Gefühlsinhalt der Willensvorgänge übereinstimmen, nur daß der Vorgang nicht in eine Handlung ausläuft, so können die Apperceptionsvorgänge auch als innere Willensvorgänge bezeichnet werden. Wenden wir nun diesen Begriff an auf das oben angezogene Beispiel von dem uns entgegenkommenden Manne, den wir als NN erkennen, so ist klar, daß Wundt in diesem Vorgange nicht wie Herbart eine Apperception finden kann. Es hat sich nichts weiter in uns zugetragen, als daß sich gewisse Eindrücke mit alten Dispositionen verbanden, während wir selbst uns dabei passiv verhielten, und das ist eine Assimilation. Wenn wir aber nach dem ersten Eindruck zweifelhaft werden, indem wir uns sagen, „das ist er nicht“, dann aber das neue Bild mit dem Erinnerungsbild vergleichen und auf Grund dieser Vergleichung schließlich zu der Meinung kommen: „er ist es doch“, so haben wir uns aktiv verhalten, und diese aus uns kommende aktive Beigabe ist bezeichnend für den Apperceptionsvorgang. Der Unterschied zwischen einem Associationsvorgange (dieses Wort im weitesten Sinne genommen, so daß auch die Assimilationen darunter fallen) und einem Apperceptionsvorgange ist also der, daß der erstere ohne merkbare Hülfe der Aufmerksamkeit, der letztere immer nur mit Hülfe der aktiven Aufmerksamkeit zustande kommt. Derartige Apperceptionsverbindungen nun erstrecken sich über eine Menge psychischer Vorgänge, welche die gewöhnliche Erfahrung durch gewisse Allgemeinbezeichnungen, wie Denken, Reflexion, Phantasie- und Verstandesthätigkeit u. dgl., zu unterscheiden pflegt. Wundt seinerseits gliedert sie in einfache und zusammengesetzte Vorgänge und bezeichnet die einfachen durch die Stichworte Beziehung und Vergleichung, die anderen durch Synthese und Analyse. Als ein Beispiel, an welchem sich die Wirksamkeit dieser höheren Funktionen erläutern läßt, wähle ich die Gesamtvorstellung und ihre Gliederung. Damit eine Gesamtvorstellung in ihrer einfachsten Gestalt zustande kommt, muß ein vor unseren Augen sich abspielender Vorgang, z. B. das Fällen eines Baumes durch einen Mann, von uns wahrgenommen werden. Zu einer solchen Wahrnehmung ist zunächst eine Fülle äußerer Eindrücke notwendig und sodann müssen diesen aus unserem Innern Bestandteile früherer Wahrnehmungen entgegenkommen und sich mit den jetzigen Eindrücken verbinden. Damit ist aber die Gesamtvorstellung noch nicht fertig, sondern die Wahrnehmung muß mit Absicht aus dem Chaos sämtlicher übriger ausgesondert und als Einheit gefaßt werden. Das geschieht durch einen Akt synthetischer Apperception. In einer Gesamtvorstellung, wie die angeführte, heben sich offenbar von Anfang an für uns gewisse feste Punkte als etwas Besonderes heraus. Mit der Zeit werden diese deutlicher, indem sich entsprechende feste Punkte in ähnlichen Gesamtvorstellungen mit ihnen associieren. So bereiten sich die Teilvorstellungen *Mann*, *fällen*, *Baum* vor, aber fertig werden sie erst, wenn jede wirklich als etwas Besonderes gegen den übrigen Inhalt der Gesamtvorstellung abgegrenzt wird. Das geschieht durch einen Akt analytischer Apperception. Nun können die Teilvorstellungen von uns in verschiedener Weise behandelt werden. Wenn wir jede uns als Teil eines bestimmten Ereignisses möglichst klar vorstellen und weiter ausmalen, so findet das statt, was wir einen Phantasievorgang nennen; wenn wir aber wesentlich die Beziehungen im Auge haben, welche zwischen den Teilvorstellungen stattfinden, also z. B. wesentlich die Aufmerksamkeit darauf richten, daß der Mann ein Wesen ist, daß er etwas thut, daß er auf den Baum einwirkt, so vollziehen wir eine sogenannte Denkhandlung. Eine Gesamtvorstellung, welche einer beziehenden Analyse unterworfen wird, wie ich sie eben beschrieben habe, heißt ein Gedanke, die Gliederung eines Gedankens in seine Bestandteile nennt man ein Urteil, das Produkt einer solchen Gliederung einen Begriff.

Hiermit bin ich zu dem letzten Gegenstand dieser vergleichenden Betrachtung gekommen, nämlich zu den Kategorieen „Begriff“ und „Urteil“, soweit diese der psychologischen Betrachtung anheimfallen. In der Herbartschen Psychologie gehören, ebenso wie wir es soeben bei Wundt gesehen haben, „Begriff“ und „Denken“ zusammen. Da nun nach Herbart Denken so viel heißt, als die Vorstellungen nach ihrem Inhalt verbinden, kann man den Begriff auffassen als eine Vorstellung, die rein nach ihrem

Inhalt, oder anders ausgedrückt, nach ihrem reinen Inhalt aufgefaßt ist. Unter dem reinen Inhalt aber ist derjenige verstanden, von dem alles der Vorstellung nur zufällig Anklebende abgestreift ist. Was man sich darunter zu denken hat, wird am besten durch ein Beispiel deutlich. Ein Kind, das ein Pferd nie anders als ziehend gesehen hat, kann es sich nur in Verbindung mit einem Wagen vorstellen. Erst wenn es Pferde samt dem Reiter oder auch Pferde für sich allein gesehen hat, sondert sich in seinem Innern eine Vorstellung „Pferd“ aus, indem das Gleiche in den mehreren Anschauungen sich deckt und dadurch hebt, das Verschiedene aber sich hemmt und dadurch verschwindet. In derselben Weise geht die Reinigung des Begriffes Pferd weiter, so daß z. B. auch noch die Farbe als unwesentlich erscheint. Demnach sieht die Psychologie, wenn sie die Entstehung des Begriffes im Auge hat, denselben an als das Bewußtwerden des einer Mehrheit verschmolzener Vorstellungen Gemeinsamen (so Volkmann S. 250). Bei dieser Betrachtungsweise wird, wie man sieht, vorausgesetzt, daß das Ding, von dem man einen Begriff bilden will, sozusagen in mehreren Exemplaren vorhanden sei. Diese Voraussetzung trifft auch für die große Mehrheit zu, sie ist aber nicht unumgänglich. Man kann auch aus einer Individualvorstellung einen Begriff bilden, wenn man sich bemüht, diese Vorstellung durch Vergleichung mit nahe liegenden von allem Anklebenden zu säubern. Von diesem Standpunkte aus kann man auch sagen: der Begriff ist die reine Vorstellung oder die Vorstellung an sich. Unter einem Urteil versteht die Herbart'sche Schule eine Verschmelzung, der ein Schwanken vorhergegangen ist. Die eine Vorstellung, diejenige, welche man in der Logik das Subjekt nennt, steht fest, die andere schwankt vor ihr, weil man noch zaudert, die beiden zu vereinigen, oder es schwanken auch mehrere, unter denen eine Auswahl getroffen werden soll. Ist das Schwanken zu Ende, so findet die Verschmelzung statt, und diesen Verschmelzungsakt nennt man ein Urteil.

Wie Wundt sich zum Begriff und Urteil stellt, ist im Vorigen bereits in den Grundzügen gezeigt. Ich gehe aber hier noch etwas näher darauf ein, namentlich soweit es den Satz angeht. Wundt geht, wie wir sahen, von der Gesamtvorstellung aus, und zwar im besonderen von derjenigen, die man einen Gedanken nennt. Diese gliedert sich durch apperceptive Analyse in zwei Bestandteile, Subjekt und Prädikat, und diese Gliederung heißt ein Urteil. Ein Urteil ist also — darauf legt Wundt entscheidendes Gewicht — nicht eine Verbindung vorher vorhandener Einzelbegriffe, sondern die Zerlegung einer Gesamtvorstellung, welche allen Teilvorstellungen vorhergeht. Durch weiter fortgesetzte duale Gliederung sollen dann nach Wundt auch die anderen Teilvorstellungen, welche im Satze auftreten, entstehen. Jede Teilvorstellung, welche nicht weiter dual gegliedert werden kann, nennt man einen Begriff. Hieraus erklären sich zwei Definitionen des Begriffes, welche hier wörtlich mitgeteilt werden mögen. Die erste beschäftigt sich nur mit der Stellung des Begriffes in dem psychischen Gebilde der Gesamtvorstellung und lautet so: „Unter Begriffsvorstellungen verstehen wir solche Vorstellungen, die zu anderen dem nämlichen Ganzen angehörigen Teilvorstellungen in irgend einer der Beziehungen stehen, die durch die Anwendung der allgemeinen Funktionen der Beziehung und Vergleichung auf Vorstellungsinhalte gewonnen werden“ (Grundriß S. 314). Die andere, welche eine Beziehung auf den Satz enthält, lautet: „Unter

Begriff im psychologischen Sinne verstehen wir jeden im Bewußtsein isolierbaren Bestandteil eines durch die Zerlegung einer Gesamtvorstellung entstehenden Satzes" (2, 455). Mit diesem Verhältnis zu einer Gesamtvorstellung ist zugleich über den Vorstellungsinhalt des Begriffes Auskunft gegeben. Eine Gesamtvorstellung in ihrer ursprünglichsten Gestalt spiegelt einen in der Außenwelt sich abspielenden einzelnen Vorgang wider. Somit hat auch jede ihrer Teilvorstellungen einen Inhalt, der sich auf konkrete Bestandteile der einzelnen sinnlichen Wahrnehmung bezieht. Die Vorstellung von einem einzelnen bestimmten Pferde würde also (um an unser voriges Beispiel anzuknüpfen) einen Begriff in seiner ursprünglichen Gestalt darstellen. Freilich liegen, wie Wundt (2, 457) bemerkt, die psychischen Kräfte, die diese individuellen Begriffe in allgemeine und immer allgemeiner werdende umwandeln, von Anfang an in unserem Bewußtsein, aber ihren Ausgangspunkt nehmen die Begriffe von sinnlichen Anschauungen, eine Erkenntnis, die für die Bedeutungslehre von Wert ist.

Rückblick.

Indem ich auf die hiermit abgeschlossene Skizze zurückblicke, hoffe ich, daß es mir gelungen ist, die Wundtschen Gedanken in ihrem natürlichen Zusammenhange zu einigermaßen deutlicher Anschauung zu bringen. In dem ersten Abschnitt, wo von dem Wesen der Seele gehandelt wird, ist gezeigt worden, wie der überlieferte Dualismus bei Wundt durch ein Streben nach einheitlicher Auffassung ersetzt ist. In dem zweiten Abschnitt wird ausgeführt, daß wir in unserer Erfahrung nichts vorfinden als sehr zusammengesetzte psychische Gebilde, die wir durch unser wissenschaftliches Verfahren in ihre Elemente auflösen. Diese Elemente, Gefühl und Empfindung, sind nicht Objekte, sondern Ereignisse. Schon dadurch, daß in der Aufstellung der Elemente dem Gefühl ein der Empfindung gleichberechtigter Platz angewiesen wird, zeigt sich der voluntaristische Zug in Wundt's Psychologie. Noch deutlicher tritt dieser in dem folgenden Abschnitt hervor, der vom Willen und den Affekten handelt. Zugleich erscheint in der Auffassung der Ausdrucksbewegungen deutlich das Streben, einen leiblich-geistigen Vorgang als Einheit zu erfassen. Es folgt die Besprechung der Association und Reproduktion, wobei die Vorstellungsseite gegenüber der Gefühlsseite die Hauptrolle spielt. Die Grunderkenntnis, auf der sich alles aufbaut, ist hier wiederum die, daß die psychischen Elemente und Gebilde Ereignisse sind, woraus Wundt's Stellung zu der von Herbart angenommenen Aufbewahrung psychischer Gebilde im Unbewußten von selbst folgt. Auf den Associationen ruhen die Apperceptionen, mit denen die Lehre vom Urteil und Begriff zusammenhängt. Auch hier finden wir wieder dieselben Grundvorstellungen. Die Wundt'sche Auffassung wäre nicht möglich, wenn nicht einerseits festgehalten würde, daß unserer Beobachtung überall nur Gebilde, nicht Elemente, vorliegen und daß andererseits bei der Apperception der Wille eine Rolle spielt.

Es ist nicht meine Aufgabe, zu dem Inhalte dieser Lehre Stellung zu nehmen, wohl aber muß hier die Frage berührt werden, ob einem Sprachforscher, der etwa von Steinthal zu Wundt übergehen wollte, nicht an irgend einem Punkte seines wissenschaftlichen Betriebes aus der neuen Lehre ernstliche Schwierigkeiten erwachsen würden. Geraten wir nicht, so könnte ein Anhänger von Paul fragen, in Bedrängnis, wenn wir die ganze Anschauung von den im Unbewußten vorhandenen Einzelvorstellungen, Reihen und Systemen aufgeben, welche uns doch in der Sprachwissenschaft nachweislich so gute Dienste leisten? Diese Besorgnis wäre unbegründet. In der Praxis leisten nämlich dem Sprachforscher der Wundt'sche dunklere Teil des Bewußtseins und die „Anlagen" ungefähr dasselbe wie der dunkle Raum des Unbewußten mit seinen aufbewahrten Gebilden in der früheren Anschauung. Das sei an zwei einfachen Beispielen gezeigt. Wenn wir uns auf einen Namen besinnen und ihn nach manchmal qualvollem Suchen endlich finden, so merken wir — sagt Herbart — wie die im Unbewußten weilende Vorstellung sich dort langsam und unter Hindernissen hebt, vielleicht auch wieder zurücksinkt, dann aber plötzlich ins Bewußtsein tritt. Bei Wundt aber heißt es: „Bei dem Besinnen auf eine entschwundene Sache ist häufig neben dem regelmäßig vorhandenen Spannungsgefühl der specielle Gefühlston der vergessenen Vorstellung schon lebhaft gegenwärtig, während sie selbst noch im dunklen Hintergrund des Bewußtseins weilt" (Grundriß S. 257). Wir Sprachforscher reden von einem bestimmten Deklinations-, Konjugations-, Wortstellungsschema, dessen thatsächliches Vorhandensein in der Seele wir daran merken, daß unser Sprachgefühl gegen jede einmal versuchte Abweichung reagiert. Wundt aber sagt: „Wir tragen gewissermaßen paradigmatische Vorstellungsreihen als latente Kräfte in uns, deren Latenz aber eben darin besteht, daß sie uns nicht, wie die Paradigmen der wirklichen Grammatik, in Gestalt bestimmter einzelner Vorstellungen gegeben sind, sondern daß sie nur in der Form elementarer funktioneller Anlagen in uns liegen, von denen jeweils diejenigen aktuell werden, die durch die gegebene

Bewußtseinslage begünstigt sind" (1, 464). Man sieht: für den Praktiker läßt sich mit beiden Theorieen leben.

III.

Das sprachliche Material.

Wir begegnen bei Wundt gelegentlich der Bemerkung, daß es nötig sei, sich eine weitere Umschau zu verschaffen, als der niedrige indogermanische Standpunkt gestattet, und finden im Einklang mit diesem Grundsatz zwar nicht durchgängig, aber doch an dieser und jener Stelle stammfremde Sprachen, namentlich die der sogenannten Naturvölker herangezogen, wie sie der Grundriß von Friedrich Müller in reicher Fülle darbietet. Wer möchte das nicht loben? Jemand, der über die menschliche Sprache schreibt, müßte — so sollte man meinen — eigentlich alle Sprachen kennen, und da das nicht möglich ist, sollte er wenigstens die Haupttypen und unter ihnen vor allen die primitivsten berücksichtigen. Leider aber stehen der Verwirklichung eines solchen Planes Hindernisse entgegen, die sich schwer überwinden lassen. Zunächst kommen wir selten in die Lage, eine derartige Sprache genau kennen oder, was eigentlich das Richtige wäre, sprechen zu lernen. Mehr als sonst sind wir in diesem Falle unseren Gewährsmännern auf Gnade und Ungnade ergeben. Und zwar nicht bloß in Bezug auf den Stoff, sondern auch bis zu einem gewissen Grade in Bezug auf die Auffassung. Die meisten grammatischen Darstellungen enthalten gewisse Theorieen, z. B. über die Bildung der Kasus, der Verbalformen u. ähnl. Sollen wir diesen Theorieen glauben, oder haben wir vielleicht Grund, sie ebenso skeptisch zu betrachten, wie man neuerdings die Bopp'sche Agglutinationstheorie betrachtet? Darüber läßt sich oft nicht urteilen, weil wir die Geschichte dieser Sprachen meist nicht kennen und deshalb leicht in die Gefahr kommen können, etwas, was das Ergebnis langer, aber verlorener Entwickelung ist, für uranfänglich zu erklären. Wie nah diese Gefahr liegt, sei an einer Erscheinung des jetzigen Englisch nachgewiesen, die zu ähnlichen Zwecken schon von Jespersen S. 279 ff. verwendet worden ist. Wie H. Sweet's englische Grammatik lehrt, giebt es im Englischen einen durch kein Suffix gekennzeichneten allgemeinen Kasus, welcher dient, um den Angeredeten, das Subjekt und das Objekt (direktes und indirektes) auszudrücken, z. B. *John! that man gave your brother a book.* Ferner giebt es einen durch *s* charakterisierten Kasus, der aber nur bei lebenden Wesen vorkommt und dazu dient, sie als Besitzer von etwas darzustellen, z. B. *a man's foot.* Nur selten erscheint diese Form bei nicht lebenden Wesen, z. B. *the sun's rays, he arrived at his journey's end.* Das *s*, was diesen Besitzkasus auszeichnet, findet sich merkwürdigerweise manchmal auch entfernt von seinem Substantivum, z. B. *the Queen of England's power, he took somebody else's hat,* ja sogar *that's the woman what was left behind's child* s. v. a. *that is the child belonging to the woman who was left behind.* Gesetzt nun, die englische Kultur wäre verschwunden, ein buddhistischer im Sanskrit gebildeter Missionar käme ins Land und berichtete über die Sprache der Eingeborenen, der Inhalt seines Berichtes, denke ich, würde etwa der folgende sein: „in dieser Sprache wird das, was im Sanskrit durch Kasus ausgedrückt wird, durch den reinen unveränderten Wortstamm bezeichnet. Welches Verhältnis gemeint ist, sieht man außer an den reichlich angewandten Geberden nur an dem Ton und an der Wortstellung, denn die Stellung der Worte ist, wie überhaupt in primitiven Sprachen, sehr fest. Nur ein schwaches Analogon eines Kasus haben sie, freilich nur bei persönlich gedachten Wesen, (wozu sie nach ihrer noch sehr mythologischen Anschauungsweise auch die Sonne und sogar gewisse Zeitbegriffe rechnen), und höchst bezeichnenderweise drückt der Kasus nur eine ganz konkrete Vorstellung aus, nämlich die des Besitzes (wobei natürlich an Schweine, Kühe u. dgl. zu denken ist). Ein richtiger Kasus ist es aber doch nicht, denn das Suffix ist noch nicht fest mit dem Stamme vereinigt, sondern kann isoliert vorkommen. Offenbar ist es der Rest eines Anschauungswortes, über das sich etwas Bestimmtes nicht mehr ausmachen läßt. Vielleicht bedeutete es *Hand* oder so etwas.“ Man sage nicht, daß ich übertreibe. Es scheint mir zweifellos, daß man so urteilen würde, wenn uns von sämtlichen indogermanischen Sprachen nur das Neuenglische erhalten wäre, und ebenso unzweifelhaft, daß viele unserer Ansichten über die Sprachen der Naturvölker nicht richtiger zu sein brauchen als dieses fingierte Urteil über den englischen Genetiv. Die Behauptung, daß die Sprachen der Wilden keine Geschichte hinter sich haben, wird man doch nicht im Ernst aufstellen. Wer möchte sich unterwinden zu sagen, wie lange die Menschheit besteht und wie viel Kulturen in dieser unendlichen Zeit spurlos verloren gegangen sind?

Auch wolle man nicht übersehen, daß wir nicht hoffen dürfen, durch Vergleichung sämtlicher Sprachen zu ähnlich gesicherten Ergebnissen zu kommen, wie sie auf dem indogermanischen Gebiet erreicht sind. Wenn wir indogermanische, z. B. die romanischen Sprachen miteınander vergleichen, von denen wir wissen, daß sie aus einer Ursprache entstanden sind, so suchen wir zunächst festzustellen, wie eine Form in dieser Ursprache gelautet hat, und suchen von da aus die Formen der Einzelsprachen zu verstehen; auf indogermanischem Gebiet heißt also vergleichen so viel wie in der Vielheit die ursprüngliche Einheit erkennen. Anders liegt es, wenn wir Indogermanisch, Semitisch, Chinesisch, Hottentottisch u. s. w. vergleichen. Ob es eine Ursprache des Menschengeschlechtes gegeben hat, wissen wir nicht; das aber wissen wir sicher, daß wir sie durch Vergleichung nicht wiederherstellen können. Wir können also innerhalb der allgemeinen Sprachwissenschaft nur darauf ausgehen, den ganzen Bau, die grammatische Einrichtung, wie Bopp sich ausdrückt, der Sprachen miteinander zu vergleichen, um so vielleicht die Entwickelung des menschlichen Sprachvermögens überhaupt zu verfolgen. Es gab eine Zeit, wo man einen solchen Versuch mit mehr Hoffnung auf Erfolg unternahm als heute. Wie bekannt, hatten sich die Sprachforscher einmal dahin geeinigt, die Sprachen nach ihrem Bau in isolierende, einverleibende, agglutinierende und flektierende einzuteilen. Aber diese Klassifikation ist uns allmählich unter den Händen zerronnen. So viel ich weiß, sind jetzt die Kenner darüber einig, daß zwischen den beiden letzten Klassen ein grundsätzlicher Unterschied nicht besteht, daß Einverleibung auch außerhalb der „einverleibenden" Sprachen vorkommt, und (was vielleicht das Wichtigste ist) daß die isolierende chinesische Sprache einst eine flektierende war (vergl. eine Ausführung darüber bei Jespersen S. 112 ff.). Auch andere Versuche, die Sprachen der Erde unter gewisse Typen zu ordnen, haben, wie Wundt mit Recht bemerkt, nicht zu gesicherten Resultaten geführt, so daß man schließlich an der Aufstellung einer alle Sprachen umfassenden Klassifikation verzweifelt.

Demnach dürfte bei dem jetzigen Stande der Forschung nur übrig bleiben, daß man, wie es denn auch von Wundt geschieht, die analogen Erscheinungen unverwandter Sprachen, z. B. die Kasus, die Verbalbildungen, miteinander vergleicht. Das kann gewiß insofern mit Nutzen geschehen, als dadurch für die Beurteilung der einzelsprachlichen Erscheinung die Vorstellungen gelockert werden, indem man sich in möglichst umfassender Weise zur Anschauung zu bringen sucht, wie verschiedene Wege zum Ausdruck eingeschlagen werden können. Nur darf man dabei, wie oben ausgeführt ist, nicht vergessen, wie unsicher oft die Auffassung bleiben muß, und daß es nicht etwa möglich ist, eine aufsteigende Entwickelung durch die verschiedenen Sprachen zu verfolgen.

Es ist nicht unmöglich, daß die hier vorgetragene skeptische Stimmung nicht völlig gerechtfertigt ist, und daß sie vielleicht zu einem Teil auf meine Unkenntnis der Sprachen der Naturvölker zurückzuführen ist. Jedenfalls werden die vorstehenden Ausführungen es begreiflich erscheinen lassen, wenn ich mich im folgenden so wenig wie möglich auf ein so bedenkliches Gebiet begebe.

Zweites Kapitel.

Die Geberdensprache.

Beobachten wir gebildete Deutsche der Gegenwart in ihrem geselligen Verhalten, so werden wir alsbald gewahr, daß der Verkehr von einer unübersehbaren Fülle von Ausdrucksbewegungen begleitet ist, die wir uns unmöglich wegdenken können, weil sonst das Zusammensein einen großen Teil seines Reizes und der Austausch der Gedanken und Empfindungen außerordentlich viel an Natürlichkeit und Leichtigkeit verlieren würde. Schon die Gesamthaltung des Körpers zeigt die gesellschaftliche Stellung, die Art und Stimmung eines Menschen oft deutlich genug an. Der eine steht steif und hochmütig da, der andere gleichgültig und gelangweilt, ein dritter behaglich, ein vierter dienstbereit; an der Art des Sitzens erkennt man nicht etwa nur das Alter und die gesellschaftliche Schulung, sondern auch die Eingewohntheit in einen bestimmten Kreis, die Beziehung zum Hause des Wirtes u. a. Unter den Bewegungen des Körpers fallen uns zunächst die Verbeugungen auf. Wie viel Empfindungen drücken sie aus und wie viel Beziehungen zwischen zwei Personen spiegeln sie wider in der langen Reihe ihrer Abstufungen von dem steifen Kompliment an, das die Hälfte des Körpers in Bewegung setzt, bis zum vertraulichen Nicken des Kopfes und schließlich der kaum bemerkbaren Bewegung der Augenlider. Unter den Gliedern des Körpers spielen der Kopf und die Hände die hervorragendste Rolle. Der Kopf wird geschüttelt bei abwehrender Verneinung, wiegt sich hin und her im Zweifel, neigt sich in Bescheidenheit oder zum Zeichen der Bejahung, wird in Entrüstung gehoben und zurückgeworfen. Das Gesicht errötet vor Scham oder Freude. Die Stirn runzelt sich im Aerger oder bei ernstlichem Nachdenken. Von unermeßlicher Ausdrucksfähigkeit ist das Spiel der Augen, die plötzlich erstrahlen und im Augenblick ihren Glanz einbüßen können, die bald mit emporgezogenen Brauen staunend oder neugierig vorwärtsdringen, bald durch die Lider fast bedeckt sich von der

Außenwelt zurückhaltend oder hochmütig abschließen, die sich jetzt an einen Gegenstand anklammern und dann wieder ins Leere schauen oder suchend umherirren, und die in ihrer von allen Dichtern besungenen Sprache fragen und antworten, bitten und ablehnen, flehen und drohen können. Die sich rümpfende Nase läßt das Gefühl des Widerwillens erkennen; die weit geöffneten Nasenlöcher weisen auf Hochmut, wie denn Goethe's Werther über einige Damen klagt, die en passant ihre hergebrachten hochadligen Augen und Naslöcher machen. Der Mund öffnet sich bei herabgelassenen Augenlidern leise, um gern gehörte Worte einzusaugen, weiter thut er sich zugleich mit den Augen auf zum Ausdrucke des Staunens (so sagt z. B. Wieland sehr anschaulich: „so stutzte er, entfärbte sich, öffnete den Mund und staunte"). Im Unmut verzieht sich der Mund („Margretlein zog ein schiefes Maul"), etwas anders, mehr seitlich, im Spott. Schließt man den Mund, so zeigt man damit an, daß man mit einer Sache abgeschlossen hat und nicht weiter über sie reden will. Geschlossene Lippen sind der Ausdruck von Eigensinn und Trotz. Bei Unruhe, Ungeduld, unterdrücktem Zorn beißt man sich auf die Lippen. Dazu kommt das Lächeln in allen seinen Nuancen, bald heiter, freundlich und entgegenkommend, bald hochmütig, spöttisch, ungläubig oder verlegen. Nicht mit Worten wiederzugeben ist die mannigfaltige Thätigkeit der Arme und Hände. Die Arme hebt man staunend in die Höhe, oder man kreuzt sie über der Brust, um gelassen und vielleicht etwas innerlich ablehnend zu vernehmen, was der andere sagen will. Die Hände dienen zur Begrüßung im Händedruck. Dabei hält sich die Muskelanstrengung innerhalb der gebildeten Gesellschaft auf einer gewissen Höhe, obgleich zuzugeben ist, daß gerade auf diesem Gebiete die individuellen Schwankungen groß sind. Bleibt der Druck unter der bei einer gewissen Person üblichen Stärke, so deutet das auf Erkaltung der bisherigen Beziehungen, das Gegenteil drückt gesteigerte Wärme aus, je nach Umständen Teilnahme, Versöhnung, Leidenschaft. Sodann dienen die Hände zu Hinweisungen aller Art, so wenn man durch eine Geberde zum Niedersitzen oder Zulangen auffordert oder auf irgend etwas Merkwürdiges hinweist. Endlich begleiten die Hände in aller nur denkbaren Art den Ausdruck von Empfindungen: man schlägt sie zusammen vor Staunen und in etwas anderer Art vor Mitleid, man klatscht mit ihnen Beifall (wohl ursprünglich ein lärmender Ausdruck des Jubels), man hebt sie eine Zumutung abwehrend auf, man hält den Finger Schweigen gebietend an die Lippen, man droht mit aufgehobenem Finger, man legt die Hände auseinander bei einer Darlegung u. s. w. Geht man ein wenig auf der gesellschaftlichen Leiter herunter, so zeigen sich alle Bewegungen lebhafter und kräftiger. Dort ballt man im Zorn die Faust, schlägt sich in ausgelassener Freude klatschend auf den Schenkel, haut mit der Faust bekräftigend auf den Tisch, stemmt die Arme herausfordernd in die Seiten, deckt das Gesicht voll Scham mit den Händen, stößt den anderen gemütlich in die Seite, klopft ihn vertraulich auf die Schulter, oder man kneift oder streichelt die Wangen, denn es ist für alle Bildungsgrade richtig, was Shakespeare sagt, daß die Hand der holden Zärtlichkeit Begleiterin ist. Auch andere Aeußerungen sind natürlich in den unteren Kreisen derber, man stampft vor Zorn mit dem Fuß oder spuckt in Verachtung auf den Boden.

Leider sind, so viel ich weiß, die in Deutschland üblichen Geberden noch nicht verzeichnet, obgleich schon Sulzer in seiner allgemeinen Theorie der schönen Künste mit Recht bemerkt hatte, daß man nicht einsehe, warum eine Sammlung redender Geberden weniger nötig und weniger nützlich sein sollte als eine Sammlung von abgezeichneten Pflanzen, Muscheln und Insekten, und warum man, wenn dieses Studium einmal mit Ernst getrieben würde, nicht imstande sein sollte, die dazu gehörige Kunstsprache und Terminologie ebenso gut zu finden, als sie für die Naturgeschichte gefunden worden. Dagegen giebt es für Italien oder wenigstens für Neapel eine treffliche Sammlung von Andrea de Jorio in dem berühmten Buche *La mimica degli antichi investigata nel gestire Napoletano,* Napoli 1832, dem man eine zweite Auflage wünschen möchte, um Einiges hinzuzufügen, was damals entweder nicht beachtet worden ist oder noch nicht so vorhanden war, so namentlich die Zeichensprache im Verkehr zwischen Droschkenkutscher und Publikum. Bei einem näheren Studium dieses trefflichen Werkes ergiebt sich, daß die Grundlage der neapolitanischen Geberden durchaus dieselbe ist wie bei uns, und daß auch die Ausdrucksfähigkeit dieser Sprache nicht wesentlich weiter reicht. Der Unterschied dürfte nur etwa in folgenden zwei Punkten zu finden sein. Die Neapolitaner waren, als ein Volk, das immerfort auf der lärmenden Straße geht, steht, sitzt, arbeitet und Handel treibt, darauf angewiesen, sich Geberden zu verschaffen, die es ermöglichten, sich ohne Worte bis in einige Entfernung verständlich zu machen. Dahin gehört es, wenn sie sich konventionelle Zeichen für die Zahlen erfanden, so daß sie also etwa die Zehner einer Zahl (z. B. 32) durch die Erhebung der Finger der rechten Hand (also in unserem Falle dreier), die Einer durch Finger der linken Hand (also zweier) ausdrücken. Sodann muß man bedenken, daß diese Südländer scharfsinnige und äußerst schnell auffassende Personen sind. Es genügt daher statt der ganzen Geberde sehr oft ihre leiseste, fast zu einem Schatten verflüchtigte Andeutung.

Die große Mehrzahl der Ausdrucksbewegungen, wie sie in Deutschland, Italien und anderwärts vorkommen, gehen an uns vor, ohne daß wir darum wissen. Wir achten wenig darauf, so daß sie, wie z. B. gewisse dialektische Eigentümlichkeiten, von uns oft erst dann bemerkt werden, wenn andere uns darauf aufmerksam machen. Wir pflegen auch bei der Erziehung unserer Kinder wenig darauf zu achten, so daß Leibniz ganz recht hat, wenn er sagt: „wenn die Menschen mehr Beobachtungsfleiß auf die äußeren Zeichen ihrer Leidenschaften wenden wollten, so würde es keine leichte Kunst sein, sich zu verstellen“ [1]). Nur eine Klasse von Menschen giebt es, deren Geschäft es ist, hierauf zu achten: die Schauspieler. Diese nun wissen genau, wie eng viele Geberden mit dem Affekt zusammenhängen, da ihnen das Gesetz wohl bekannt ist, welches Lessing in der Hamburgischen Dramaturgie dahin formuliert, daß „eben die Modifikationen der Seele, welche gewisse Veränderungen des Körpers hervorbringen, hinwiederum durch diese körperliche Veränderungen bewirkt werden“, was er durch folgendes Beispiel belegt: „Ein Akteur soll z. E. die äußerste Wut des Zornes ausdrücken; ich nehme an, daß er seine Rolle nicht einmal recht versteht, daß er die Gründe dieses Zornes weder hinlänglich zu fassen, noch lebhaft genug sich vorzustellen vermag, um seine Seele selbst in Zorn zu setzen. Und ich sage, wenn er nur die allergröbsten Aeußerungen des Zornes einem Akteur von ursprünglicher Empfindung abgelernt hat und getreu nach-

1) Ich entnehme dies Citat J. J. Engel's Ideen zu einer Mimik (Schriften, Berlin 1804, Bd. 7, 74).

zuahmen weiß — den hastigen Gang, den stampfenden Fuß, den rauhen, bald kreischenden, bald verbissenen Ton, das Spiel der Augenbrauen, die zitternde Lippe, das Knirschen der Zähne u. s. w. — wenn er, sage ich, nur diese Dinge, die sich nachmachen lassen, sobald man will, gut nachmacht: so wird dadurch unfehlbar seine Seele ein dunkles Gefühl von Zorn befallen, welches wiederum in den Körper zurückwirkt und da auch diejenigen Veränderungen hervorbringt, die nicht bloß von unserem Willen abhangen; sein Gesicht wird glühen, seine Augen werden blitzen, seine Muskeln werden schwellen; kurz er wird ein wahrer Zorniger zu sein scheinen, ohne es zu sein, ohne im geringsten zu begreifen, warum er es sein sollte.“ Wenn man bedenkt, daß diese und ähnliche Beobachtungen gewissermaßen durch Gegenprobe den Satz von der natürlichen Zusammengehörigkeit des Affektes und der Geberde beweisen, und sich weiter dessen erinnert, was oben über das Unbemerktbleiben vieler Geberden gesagt worden ist, so kann man leicht zu der Vorstellung kommen, als seien die Geberden nicht ein Gegenstand des Lernens und der Ueberlieferung, sondern entstünden bei jedem Menschen und in jedem einzelnen Falle immer wieder durch Naturnotwendigkeit aufs neue. Indessen diese Vorstellung trifft doch nur für ganz wenige Fälle, wie Erröten und Erblassen, Lachen und Weinen, Zusammenfahren beim Schreck und ähnl. zu. Schon bei einer so einfachen Geberde wie das Ballen der Faust im Zorne fragt es sich, ob sie nicht von den Kindern so gut gelernt werde, wie z. B. die Interjektion *au* beim Schmerze. Bei anderen Geberden, die entweder schon erwähnt sind oder noch zur Erwähnung kommen sollen, z. B. den Grußformeln, ist es vollends ganz klar, daß ihre Gleichheit innerhalb einer Volksgenossenschaft ebenso zustande kommt, wie die Gleichheit der Sprachformen, also durch Nachahmung und Ausgleichung innerhalb der zusammenlebenden erwachsenen Generationen und durch Erlernen von seiten der nachwachsenden Jugend. Es ist ja auch bekannt, daß diese Geberden sich wie die Sprachformen verändern. Die jungen Männer grüßen jetzt anders als die älteren, und auch innerhalb längerer Zeiträume lassen sich geschichtliche Wandlungen nachweisen, so z. B. bei dem Handschlag. Es ist längst beobachtet worden, daß diese Ceremonie im griechischen und römischen Altertum wohl bei feierlichen Gelegenheiten, z. B. dem Abschied auf Leben und Tod, vorkam, aber nicht bei jeder Begrüßung und Verabschiedung des gewöhnlichsten Lebens wie bei uns. Auch im Mittelalter in Italien scheint das Handgeben noch nicht ein Vorgang der Bewillkommnung gewesen zu sein. Wenigstens ist mir aufgefallen, daß auf der Freske des Fra Fiesole im Hofe von S. Marco in Florenz Christus von dem Mönch zur Begrüßung an der Handwurzel angefaßt wird. Unter diesen Umständen wäre es kein aussichtsloses Unternehmen, die Geschichte der Ausdrucksbewegungen in dem Leben, der Litteratur und darstellenden Kunst der einzelnen indogermanischen Völker zu verfolgen und auf dem Wege der Vergleichung Rückschlüsse auf den Urzustand bei den Indogermanen zu ziehen; doch liegt es nicht in meiner Absicht, hier näher auf diese Gedanken einzugehen, vielmehr möchte ich, ehe ich zu Wundt's Darstellung komme, die mir aus den bisher genannten Quellen bekannt gewordenen Geberden übersichtlich in Gruppen ordnen und dabei im einzelnen Falle auch die Frage des Ursprunges berühren. Bei der unendlichen Fülle des Stoffes ist es innerhalb jeder Gruppe nur auf einige bezeichnende Belege abgesehen. Ungesucht ergeben sich folgende Gruppen.

1) Die Geberde drückt die Stimmung einer Person aus, namentlich auch eine Stimmung, die sich gegen einen anderen wendet. Dieser andere kann gegenwärtig sein, dann richtet sich der Stimmungsausdruck an ihn, oder er kann durch Namensnennung der Situation einverleibt werden, dann richtet sich der Ausdruck an einen nur anwesend Gedachten, und Zuschauer fassen die Geberde als Mitteilung der Stimmung auf, welche eine Person gegen einen Abwesenden hegt. Man könnte diese Geberden ausdrückende oder, wenn man lieber ein Wort will, das sich von dem allgemeinen Terminus Ausdrucksbewegung unterscheidet, manifestierende nennen. Dahin gehört z. B.: man steht starr vor Staunen; man schlägt vor Verwunderung die Hände über dem Kopfe zusammen; man schlägt sich in reuiger Zerknirschung mit den Fäusten auf die Brust (Jorio); man kratzt sich in Verlegenheit hinter dem Ohr (vielleicht um das Gedächtnis aufzumuntern); man rümpft die Nase (zunächst als Folge eines üblen Geruches, dann, indem sich andere Empfindungen des Ekels associieren, bei allen möglichen Stimmungen der Mißbilligung und Unzufriedenheit); man wehrt mit abgewandtem Gesicht und infolgedessen seitwärts erhobenen Händen einen schreckenerregenden Eindruck zunächst sinnlicher, dann auch geistiger Natur von sich ab; man speit aus vor Wut und Verachtung (dabei ist natürlich das Ursprüngliche, daß man vor Wut den anderen anspeit, wie es Prinzessin Anna in der berühmten Scene in Richard dem Dritten thut, und wie man es jetzt noch bei wütenden Burschen beobachten kann, ehe sie sich prügeln; eine Mitteilung wird daraus, wenn jemand — wie man es in

Deutschland sehen kann — beim Namen eines anderen ausspuckt); man ballt im Zorn die Faust gegen jemand, der anwesend oder eben weggegangen ist, oder bei Nennung seines Namens. Eine Abschwächung und sozusagen Verkleinerung dieser Geberde ist das schelmische Drohen mit dem Finger. Hier sind auch die Geberden des Nein- und Jasagens anzuschließen. Unser Kopfschütteln sagt zunächst aus, daß man mit einer Sache nichts zu thun haben will, so z. B. in einem bekannten Verse von Paul Gerhardt: „Merkst du nicht des Satans List? Schüttle deinen Kopf und sprich: Fleuch, du alte Schlange.“ Ebenso ist es zu verstehen, wenn wir sagen, daß jemand über die Maßregeln der Regierung den Kopf schüttelt. Daraus entsteht auf einen Wunsch oder eine Frage die Ablehnung, wobei nun der Gedanke der Mißbilligung nicht mehr spürbar zu sein braucht. Um das Neigen des Hauptes im Sinne der Zustimmung und also des Jasagens zu verstehen, muß man, glaube ich, von dem Vorgange ausgehen, daß jemand, etwa ein besiegter Feind, sich vor mir zu Boden wirft, um Gnade zu erflehen. Neige ich mich dann zu ihm herab, als wollte ich ihn aufheben, so bedeutet das Gewährung der Bitte, bleibe ich aber starr stehen und werfe sogar den Kopf nach rückwärts, so bedeutet das Ablehnung der Bitte, und das ist der in Griechenland und Italien häufigste Gestus der entschiedenen Verneinung. Wenn dabei auch noch die Augen halb geschlossen werden, so ist das daraus hervorgegangen, daß man den Flehenden nicht einmal ansehen will. Ueber andere zahlreiche Formen der Verneinung in Italien handelt Jorio S. 222 ff. An die Geberden der Verneinung darf man die des Achselzuckens anschließen, womit wir sagen wollen: es thut mir leid, aber mich geht die Sache nichts an, ich kann dabei nichts machen, endlich auch: ich weiß davon nichts. Es ist die Geberde eines Menschen, der sich vor einer auf ihn losrückenden Gefahr, später vor einem an ihn gestellten Anspruch in sich selbst zusammenzieht. Eine umfängliche Litteratur hat sich über das Grüßen angesammelt (vergl. Schrader, Reallexikon der indogermanischen Altertumskunde, unter Gruß). Ich gehe darauf nicht ein, sondern erwähne nur, daß offenbar darunter Gesten sind, die nicht auf ursprüngliche Affektäußerungen zurückgehen, wie z. B. das Hutabnehmen. Mit der Erwähnung des Grußes sind wir zu der letzten Gruppe gelangt, welche in dieser ersten Hauptabteilung zu erwähnen ist, nämlich denjenigen Gesten, zu denen zwei Menschen nötig sind. Dahin gehört zunächst der Handschlag, der schon oben S. 55 erwähnt worden ist. Wie man bei Schrader a. a. O. sehen kann, ist das Handgeben, welches offenbar eine oder jedenfalls auch eine Handlung des Vertragsschlusses und also wohl zunächst des Friedensschlusses darstellt, vom Standpunkt der Nützlichkeitstheorie so gedeutet worden, daß dadurch beide ursprünglich kämpfend gedachte Personen sich gegenseitig die rechte, sonst dem Angriff dienende, Hand fesseln; andererseits könnte man annehmen, daß sich in der Verbindung der Hände der innere Drang nach Einigung ebenso offenbart wie etwa in der Umarmung. An die Umarmung schließt sich der Kuß, über den man ebenfalls bei Schrader nachlesen möge.

2) Von den manifestierenden unterscheiden sich die hinweisenden Geberden dadurch, daß sie nichts thun, als auf irgend etwas zeigen oder es berühren und dabei dem Zuschauer überlassen, sich daraus eine Nachricht oder Aufforderung zu entnehmen. So berühren wir mit dem Finger den Mund, um auszudrücken, daß der andere den

Mund nicht zum Reden gebrauchen soll. Wir klopfen mit der Fingerspitze auf unsere eigene Stirn (weil es nicht gut angeht, diese Bewegung bei dem anderen zu machen), um damit die Frage zu stellen: du bist wohl verrückt? Leidenschaftlicher ist die Geberde, wenn wir uns im Aerger mit der Hand an die Stirn schlagen, um uns darüber zu beklagen, daß wir etwas vergessen haben. Die bloße Hinweisung verwendet der Neapolitaner sehr anschaulich, um Gegenwart und Vergangenheit zu bezeichnen. Die Gegenwart deutet er an, indem er mit dem nach unten ausgestreckten Finger entschieden auf den Boden weist, will er aber sagen, daß etwas schon vergangen und vorbei ist, so erhebt er die rechte Hand ein wenig über die Schulter und weist mit dem Daumen hinter sich. An den Gedanken „eine Sache ist vergangen" schließt sich leicht der andere „es ist nichts mehr damit, ist nichts damit" und so wird diese Geberde auch ein Zeichen für Nichtigkeit (*cosa inutile*) und Lüge.

3) Die nachahmenden Geberden. Man ahmt, vorzüglich mit Hilfe der Hände, einen Zustand oder Vorgang nach, um dem Zuschauer entweder diesen Zustand oder Vorgang selbst oder allerhand Gefühle und Vorstellungen vorzuführen, die sich damit verbinden. Zum Belege führe ich folgende neapolitanische Gesten an. Will man sagen, daß jemand ganz mager ist, so preßt man seine eigenen Wangen mit Hilfe von Daumen und Zeigefinger zusammen. Will eine Frau die Schwangerschaft einer anderen andeuten, so hebt sie ihr Kleid ein wenig. Will man sagen, daß ein Erwähnter schön ist, so hält man den Daumen und den Zeigefinger seiner eigenen Hand an die beiden Seiten des Kinnes, womit man nach Jorio's Ansicht andeuten will, daß der andere ein ovales Gesicht habe, was

für schön gilt. Um auszudrücken „ich bin müde" oder „er ist müde", bestreicht man die Stirn mit dem Daumen, was eine Abkürzung des Schweißabwischens darstellt. Wer seine Finger mehrmals hintereinander an den offenen Mund führt und also die Geberde des Essens macht, giebt damit zu verstehen, daß er oder ein anderer, der durch Hinweisung oder Nennung kenntlich gemacht ist, Hunger hat. Die an den Kopf gelegte, in Form eines Hornes gebrachte Hand soll zunächst das Bild eines Stieres wachrufen und damit die Vorstellung der Stärke, woran sich u. a. der Gedanke der moralischen Härte anschließt, dann aber auch, wie anderswo, der Gedanke der ehelichen Untreue. Will ich andeuten, daß ich einer Sache ganz sicher bin, so mache ich eine Faust, als hätte ich die Sache darin. Wer zwei Menschen als befreundet bezeichnen will, fügt, wenn von ihnen gesprochen wird, die Spitzen von Daumen und Zeigefinger fest zusammen, wenn aber angedeutet werden soll, daß Feindschaft an die Stelle der Freundschaft getreten ist, so werden die beiden Finger mit Hülfe des Zeigefingers der anderen Hand getrennt. Um anzudeuten, daß nur wenig von irgend etwas vorhanden sei, schließt man die Hand, läßt aber ein Stückchen vom Zeigefinger hervorstehen. Jemand, von dem gesprochen wird, wird als Schmeichler gekennzeichnet, indem man auf eine Anzahl fingierter Personen deutet und dabei seine eigenen Finger küßt, als Verleumder, indem man die Bewegung des Schneidens mit der Schere macht. Will man andeuten, daß jemand sich nicht übereilen möge, so bewegt man langsam seinen einen Finger auf und ab. Der Begriff „Geld" nebst den daran sich anschließenden Vorgängen wird wie anderswo durch eine Nachahmung der Bewegung des Geldzählens in Erinnerung gebracht. Man macht mit dem Finger die Figur eines Ringes dicht über dem Fuß um das eigene Bein, um auszudrücken, daß jemand im Gefängnis sitzt. Wie durch eine hinweisende Geberde die Vergangenheit ausgedrückt werden konnte, so wird durch eine malende der folgende Tag bezeichnet. Man macht nämlich mit dem Zeigefinger von der Brust aus einen nach oben offenen Halbkreis, ein zweiter hingefügter bedeutet „übermorgen". Offenbar ahmt man damit die Bewegung der Sonne nach. Ein in der Luft gemachtes Kreuz bedeutet entweder den Segen, die Verzeihung für jemand, oder die Angabe, daß jemand gestorben ist. Die Belege für diese Art von Geberden sind, wie man sieht, wesentlich dem Werke von Jorio entnommen, aber sie fehlen auch bei uns nicht. So kann man auch in Deutschland erleben, daß auf die Frage, wie das und das zustande gekommen sei, mit dem Gestus des Geldzählens geantwortet wird, was heißen soll: es ist eben Geld gezahlt worden. Auch erinnere ich mich, auf die Frage nach dem Charakter eines Mannes, der im politischen Leben im Augenblick eine Rolle spielte und mit dem man sich nicht gern verfeinden wollte, folgende Antwort erhalten zu haben: der Gefragte faßte an seine Halsbinde und machte die Geberde des Festanziehens, womit gesagt werden sollte, der Betreffende sei ein Wucherer (das Volk bezeichnet bekanntlich den Wucherer als Kravattenfabrikanten). Aehnliches wird sich unzweifelhaft noch mehr finden.

So viel vorauszuschicken, schien mir nötig, um den Leser zur Aufnahme und Beurteilung dessen vorzubereiten, was von Wundt (1, 52—243) geboten wird. Die ersten 50 Seiten dieses Abschnittes bringen eine Ausführung über den Begriff des Affektes und der Ausdrucksbewegung. Ich darf hinsichtlich dessen auf meine oben S. 19 gegebene Darstellung verweisen. Dagegen geht uns hier an, was von S. 86 an über die verschiedenen Arten der Ausdrucksbewegungen gelehrt wird. Anknüpfend oder doch hauptsächlich anknüpfend an den Gefühlsgehalt der Affekte, unterscheidet Wundt Intensitäts-, Qualitäts- und Vorstellungsbewegungen. Die ersteren gehören durchweg zu stärkeren Affekten und bestehen bei mäßigeren Graden in gesteigerten Bewegungen, bei sehr heftigen Affekten in plötzlicher Hemmung oder Lähmung der Bewegung. Ihrer Erscheinung nach sind sie einerseits Atmungsvorgänge, andererseits äußere Muskelbewegungen, wobei hauptsächlich das Gesicht und die Hände, aber auch die Gehwerkzeuge beteiligt sind. Unter den Qualitätsbewegungen sind die mimischen Bewegungen der Gesichtsmuskeln zu verstehen. Ihre Grundlage bilden die wahrscheinlich schon beim Kinde reflektorischen Reaktionen auf die Empfindungen süß und sauer. Daran schließen sich die Symptome für andere Gefühle der Lust und Unlust, der Lösung und Spannung, was in einer Reihe von Abbildungen zur Anschauung gebracht wird, die die Physiognomieen des Fröhlichen und des Mißvergnügten, des Hochmütigen, Schmerzbewegten, Ueberraschten u. s. w. wiedergeben. Von besonderem Werte für unseren Zweck ist die dritte Klasse, die Vorstellungsbewegungen, worunter die pantomimischen Bewegungen der Arme und Hände verstanden sind. Auch sie sind Bestandteile eines Affektverlaufes, aber sie gehören zu Affekten, bei denen der Vorstellungsbestandteil stärker hervortreten kann als der Gefühlsbestandteil, und bei denen dieser sich schließlich so ermäßigen kann, daß wir ihn kaum oder gar nicht mehr empfinden, wie es z. B. bei einer ruhigen belehrenden Hinweisung der Fall ist. Die Masse der Vorstellungsbewegungen wird von Wundt weiter eingeteilt in die hinweisenden (deutenden) und die nachahmenden, die hier etwas näher betrachtet werden müssen. Ueber die hinweisende Geberde lasse ich Wundt selbst reden: „Sie ist, genetisch betrachtet, nichts anderes als die bis zur Andeutung abgeschwächte Greifbewegung. In allen möglichen Uebergängen von der ursprünglichen zur späteren Form begegnet sie uns noch fortwährend beim Kinde. Dieses greift auch nach solchen Gegenständen, die es, weil sie ihm zu fern sind, nicht erreichen kann. Damit geht aber die Greifbewegung unmittelbar in die Deutebewegung über. Nach oft wiederholten vergeblichen Versuchen, die Gegenstände zu ergreifen, verselbständigt sich dann erst die Deutebewegung als solche. Das Kind weist auf einen Gegenstand hin, den es zu besitzen wünscht, und hiernach bald auch auf einen solchen, der seine Neugierde erregt, und auf den es die Aufmerksamkeit seiner Umgebung lenken möchte. Hiermit ist der Weg von der Greif- zur Deutebewegung vollständig zurückgelegt, und diese gewinnt nun neben jener in dem Maße eine selbständige Bedeutung, als die anfänglichen Bewegungstriebe vor ihrem Uebergang in äußere Willenshandlungen gehemmt und zu bloßen Affekten ermäßigt werden. Daneben wird aber zugleich als positives Moment das Streben wirksam, die eigenen Gemütszustände nach außen kundzugeben. Beide Bedingungen gehören mindestens in diesem Grade der Ausbildung nur der menschlichen Entwickelung an. Darum ist kein Tier, nicht einmal der in der Organisation der Arme und Hände dem Menschen so nahestehende Affe, zu dieser Entwickelung hinweisender Geberden aus Greifbewegungen vorgeschritten. Höchstens sind hier jene Uebergangsformen zu finden, bei denen eine bestimmte Bewegung erst durch die Unmöglichkeit, den Gegenstand zu erreichen, die Bedeutung einer Geberde empfängt" (S. 125). Auch die nachahmenden Bewegungen gehen nach Wundt auf die Affekte zurück. Und zwar dürfte die älteste Form die sein, daß gleiche Handlungen eines Wesens derselben Gattung nachgeahmt werden, wie wir es z. B. an Kindern sehen können, die zu weinen beginnen, wenn sie einen anderen weinen sehen. Offenbar kommt diese Nachahmung so zustande, daß durch das beobachtete Weinen bei dem Kinde der damit associierte Affekt erregt wird, der dann die gleiche Aeußerung hervorruft. Ein weiterer Schritt, welcher nun ganz der menschlichen Gesellschaft angehört, ist der, daß beliebige Dinge oder Vorgänge zum Zwecke der Mitteilung nachgeahmt werden, wie z. B. ein furchterregendes Tier. Es ist schwer, von dem ersten Stadium zu diesem zweiten eine unmittelbare Brücke zu schlagen. Wahrscheinlich entstand die mitteilende nachahmende Geberde aus der zwecklos nachahmenden insofern unter Mitwirkung der Sprache, als durch diese das Mitteilen zur Gewohnheit geworden und dadurch ein Trieb zur Mitteilung erwachsen war.

Nach dieser Einteilung der pantomimischen Geberden in hinweisende und nachahmende geht das Wundt'sche Werk auf die Geberdensprache ein, der von S. 131 bis 243 eine höchst lehrreiche, gewiß vielen willkommene Darstellung gewidmet wird. Die Geberdensprache wird uns in vier Gestalten vorgeführt. Zuerst wird über die Sprache der Taubstummen berichtet, welche bekanntlich in Deutschland nicht mehr vorhanden ist, da wir uns jetzt durchweg bemühen, die Taubstummen sprechen zu lehren und sie damit zum Verkehr mit vollsinnigen Menschen zu befähigen (vergl. Oehlwein, Natürliche Zeichensprache der Taubstummen und ihre psychische Bedeutung, Weimar 1867).

Dann folgt die Geberdensprache, die sich unter den nordamerikanischen Indianern als sozusagen internationales Verkehrsmittel ausgebildet hat. Da nämlich die Dialekte der Indianer sich, wie überhaupt manche Sprachen der sogenannten Naturvölker, schnell veränderten, stieß eine Verständigung der verschiedenen Stämme auf Schwierigkeiten, und die Herstellung allgemein zugänglicher Symbole wurde wünschenswert. Wie weit man es darin durch lange fortgesetzte Arbeit gebracht hat, mag die Thatsache zeigen, daß es möglich ist, durch Geberden einen Satz, wie den folgenden, auszudrücken: „Weiße Soldaten, die von einem Officier von hohem Range, aber geringer Intelligenz geführt wurden, nahmen die Mescalero-Indianer gefangen" (S. 212). An dritter Stelle folgt die von mir oben erwähnte Geberdensprache der Neapolitaner, die in dem Buche von Jorio behandelt ist, endlich die der Cisterciensermönche. Die in allen diesen verschiedenen Sprachen auftretenden Geberden werden eingeteilt in die beiden soeben besprochenen Klassen, die sich bei den pantomimischen Geberden ergeben haben, die hinweisenden und die nachahmenden, oder, wie sie hier genannt werden, die darstellenden. Diese letzteren wieder zerfallen in drei Unterabteilungen: die darstellenden, die mitbezeichnenden und die symbolischen. Eine darstellende Geberde kann die Umrißlinien eines Gegenstandes in der Luft nachzeichnen, eine Handlung, z. B. die des Geldzählens, nachahmen, oder auch einen Gegenstand, z. B. eine Flasche, mit den Händen plastisch nachbilden. Eine mitbezeichnende Geberde liegt vor, wenn der Gegenstand durch die Geberde nur nach einer seiner Eigenschaften bezeichnet wird, also z. B., wenn die Ziege gekennzeichnet wird durch die Umrißzeichnung des Bartes, oder die Schönheit durch die oben S. 59 angegebene

Fingergeste in Neapel. Was endlich die symbolischen Geberden betrifft, so soll der Begriff des Symbols in diesem Falle darin bestehen, daß es irgend einen geistigen Inhalt in einer Form darstellt, die von ihm selbst völlig verschieden, aber durch irgend welche Mittelglieder mit ihm verbunden ist. Es würde also dahin z. B. die Bezeichnung des Wassers (nicht bloß des Trinkgefäßes) durch die hohle Hand, die der Lüge durch die rückwärts weisende Geberde (vergl. oben S. 59), die zahlreichen Gesten für Bejahung, Verneinung und vieles andere gehören. Vergleicht man nun diese Wundt'sche Einteilung mit dem oben von mir aufgestellten Schema, so zeigt sich in zwei Punkten eine Verschiedenheit. Es decken sich die hinweisenden Geberden bei Wundt und mir, ebenso gehen die Wundt'schen nachahmenden und mitbezeichnenden in meinen nachahmenden auf, aber bei mir fehlen die symbolischen und sind die manifestierenden hinzugekommen. Was ich gegen „symbolisch" einzuwenden habe, liegt nahe. Symbolische Geberden im Wundt'schen Sinne finden sich in allen Klassen. Es ist symbolisch, wenn durch Naserümpfen der moralische Abscheu oder wenn durch Rückwärtsweisen die Vergangenheit bezeichnet wird. Die symbolische Geberde darf also nicht neben die hinweisende und nachahmende gestellt werden, sondern durchschneidet diese Einteilung und bildet den Gegensatz gegen die unmittelbar darstellende (vergl. 1, 170). Wenn nun aber diese Abteilung an der von Wundt gewählten Stelle in Wegfall kommt, so werden eine große Reihe von Geberden heimatlos, die nun bei den manifestierenden eine legitime Unterkunft finden. Doch handelt es sich nicht bloß um eine Umtauschung der Namen. Vielmehr soll durch die Bezeichnung manifestierend zugleich darauf hingewiesen werden, daß zur Geberdensprache nicht bloß pantomimische, sondern auch mimische und andere gehören, ein Gedanke übrigens, der durchaus im Rahmen der Wundt'schen Anschauung liegt. Eine weitere Bemerkung, die sich mir bei dem Studium der lehrreichen Wundt'schen Ausführungen aufgedrängt hat, ist die, daß es bedenklich ist, die vier Arten der Geberdensprache als so ziemlich gleichwertig zu behandeln und die Grenzen zwischen natürlicher und künstlicher Geberdensprache zu sehr zu verwischen. Was ich meine, läßt sich am besten darthun, wenn ich an der Hand des Buches von Jorio versuche, den Umfang der Ausdrucksfähigkeit bei der natürlichen Geberdensprache etwas näher zu bestimmen. Es können zum Ausdruck kommen Empfindungen und Stimmungen von Personen, die an der gleichen Situation beteiligt sind, und es kann in den Kreis des Austausches alles hineingezogen werden, was innerhalb eben dieser Situation Gegenstand der Anschauung ist. Bestandteile einer erinnerten oder als zukünftig vorgestellten Situation können aber nur mit Hülfe der Lautsprache der gegenwärtigen einverleibt werden. So kann man z. B. irgend eine Person nennen und dann durch Gesten etwas von ihr aussagen, aber ohne Nennung ist das, so viel ich sehe[1]), nicht möglich. Einen Satz wie „mein Bruder ist gestern angekommen" drückt der Neapolitaner durch Gesten nicht aus. Wohl aber können oder konnten das die Taubstummen, indem man „mein" durch Hinweisen auf sich selbst, „Bruder" durch die nebeneinander gelegten geballten Fäuste, „gestern" durch eine hinter sich weisende

1) An sich wäre ja denkbar, daß man etwa einen auffälligen Dickbauch durch Gesten in die Situation einführte, doch ist mir derartiges nicht begegnet. Sollte es vorkommen, so bliebe doch die Behauptung unerschüttert, daß ein Satz wie „mein Bruder u. s. w." nicht auszudrücken ist.

Geberde, „ist angekommen“ durch ein Deuten auf den Fußboden bezeichnete. Aehnlich natürlich in der Sprache der Indianer und Cistercienser. Im engen Zusammenhange hiermit steht eine zweite Beobachtung: die Gesten der natürlichen Geberdensprache entsprechen, wie das auch Jorio wiederholt hervorhebt, den Sätzen der Lautsprache, nicht einzelnen Worten. Wer, um diese Behauptung zu prüfen, den Index der bezeichneten Gegenstände bei Jorio durchgeht, wird einiges finden, was zu widersprechen scheint, z. B. die Begriffe Schmeichler, Räuber u. ähnl. Aber das ist eben nur Schein. Wenn man bei Nennung eines Namens seine Fingerspitzen küßt und sich dabei im Kreise umsieht, als ständen ringsum Menschen, so sagt man damit: „NN küßt allen möglichen Menschen die Hände, um ihnen zu schmeicheln“, wofür man in der Lautsprache auch sagen könnte: „er ist ein Schmeichler“. Die Geberde, welche „Räuber“ bezeichnen soll, ist eine zum Greifen geöffnete und bereite Hand (Jorio, Tafel 19, No. 7), und bezogen auf eine Person heißt das: „NN ist immer zum Rauben und Stehlen bereit, er ist ein Räuber“, und so überall. Ebenso wenn Geberden miteinander verbunden werden. So können z. B. vier Finger der Hand die eben genannte Geberde machen, der Daumen aber kann, um das Schweißabwischen zu symbolisieren, über die Stirn fahren; das bezeichnet, auf eine genannte Person bezogen, nach Jorio (S. 318): „er hat sich viel angestrengt, um reich zu werden, aber freilich ist es durch Rauben geschehen“. Höchstens bei der oben S. 61 angeführten Geberde für „morgen“ könnte man ernstlich zweifeln, ob sie nicht wirklich einen einzelnen Begriff bedeutet, und ob nicht ein aus zwei Wörtern bestehender Satz vorliegt, wenn diese Geberde sich mit der für „ja“ oder „nein“ verbindet. Indessen ist es doch auch sehr wohl möglich, sich zu denken, daß einer, dem in der Lautsprache gesagt ist „werden wir uns morgen treffen?“ darauf antworten will, „ich möchte morgen wohl, aber es geht nicht“ oder „du denkst an morgen, aber das ist nicht möglich“. Sollte man aber vorziehen, in der Geberde für „morgen“ nicht ein Satzzeichen, sondern ein Wortzeichen zu sehen, so würde damit einer von den Grenzfällen anzuerkennen sein, die nirgends fehlen, wo es sich um geschichtliche Entwickelung handelt. Es wird aber durch solche Grenzfälle die Triftigkeit der Beobachtung nicht berührt, daß in der natürlichen Geberdensprache die Zerlegung der Gesamtäußerung in ihre einzelnen Teile noch nicht vorgenommen wird. Diese Zerlegung und damit die Bezeichnung der Begriffe ist der Lautsprache vorbehalten. Wo sie sich in der Geberdensprache findet, ist sie von der Lautsprache aus eingedrungen, deren starke Einwirkung sich ja nicht nur daraus erklärt, daß dieselben Wesen mit Geberden und Lauten sprechen, sondern auch dadurch, daß die Geberdensprache sich mit der Lautsprache fortgesetzt in Verbindung hält. Haben wir doch namentlich bei den am weitesten entwickelten, nämlich den nachahmenden Geberden beobachtet, wie sehr ihre Verständlichkeit von daneben gebrauchten Wörtern der Lautsprache, z. B. Eigennamen, abhängig sein kann. Ist das nun so, so verliert das, was Wundt über die Syntax der Geberdensprache ausführt (S. 204—218), einen Teil seines Interesses. Es handelt sich dabei um die Sprache der Taubstummen und der Indianer (anderes wird nicht erwähnt), also um Sprachen, die zwar auf der natürlich erwachsenen Geberdensprache ruhen, aber von der in der Lautsprache entstandenen Gedankenentfaltung stark beeinflußt sind. Ich kann in der eigentümlichen Syntax dieser Sprachen, die von Wundt so lehrreich dargestellt wird, nur den Erfolg einer Kreuzung der Geberden- und Lautsprache erblicken, also eine Erscheinung, die auf verwickelteren Grundlagen ruht als die Syntax der Lautsprache und mithin nicht etwa für die Behandlung dieser von vorbildlichem Wert ist. Auch auf dem Gebiete des Bedeutungswandels dürfte ein sehr starker Einfluß der Lautsprache anzuerkennen sein. Wenn z. B. die Wahrheit durch eine gerade Linie, die Lüge durch eine krumme bezeichnet wird (S. 223), so ist doch sehr fraglich, ob die Metapher nicht vielleicht auf dem Boden der Lautsprache gewachsen ist, wo sie schon in uralten Zeiten, als noch an keine Taubstummensprache gedacht werden konnte, ganz geläufig ist.

Mit diesen Bemerkungen soll dem Werte der Wundtschen Arbeit nicht zu nahe getreten werden. Es ist ein Verdienst Wundt's, mit Schärfe den Gedanken durchgeführt zu haben, daß die Geberde ursprünglich ein zweckloser Ausdruck des Affektes ist und erst im Wechselverkehr der Individuen zu einem Mittel der Gedankenmitteilung wird (vergl. die kurze Zusammenfassung S. 239). Es wird aber nun die Aufgabe der geschichtlichen Forschung sein, die Schichten genauer zu sondern, als durch Wundt geschehen ist, und damit die natürliche und die künstliche Geberdensprache schärfer zu scheiden.

Drittes Kapitel.

Der Ursprung der Lautsprache.

Ist es nicht ein unfruchtbares Unternehmen, sich immer wieder um die Frage nach dem Ursprung der Sprache zu bemühen, während es doch klar vor Augen liegt, daß die Anfänge des menschlichen Sprechens unserer Beobachtung entzogen sind und daß die Rückschlüsse aus der Betrachtung der jetzigen Zustände nur ein dürftiges Ergebnis liefern können? Man mag, sei es überhaupt, sei es in gewissen Stimmungen, geneigt sein, diese Frage zu bejahen, und wird doch meines Erachtens genötigt sein, zuzugeben, daß wir uns seit Herder wenigstens dem Punkte, wo wir die Quelle des Stromes vermuten können, erheblich genähert haben, und ich glaube behaupten zu dürfen, daß die vorliegenden Wundt'schen Untersuchungen uns an einem Punkte auch wieder einen Schritt vorwärts bringen. Um das zu veranschaulichen, werde ich im folgenden so verfahren, daß ich zuerst die Ansicht von Steinthal oder Paul (Princ.[3] S. 157 ff.) vorlege und sodann die Wundt'sche daran anschließe. Auf die sonstigen Theorieen, mit denen sich Wundt am Schlusse des zweiten Bandes auseinandersetzt, gehe ich nicht ein. Es wird der Uebersichtlichkeit dienen, wenn ich den Stoff unter mehrere Nummern verteile.

1. Tier- und Menschensprache.

Ueber dieses Thema sagt Paul S. 169, man werde schwerlich bestreiten können, daß die Lock- und Warnrufe vieler Tiere etwas Traditionelles, nicht etwa bloß etwas Spontanes seien und insofern den Charakter der Sprache trügen. Die menschliche Sprache unterscheide sich von dieser tierischen durch die ganz unverhältnismäßig viel größere Zahl der Wörter und der diesen zu Grunde liegenden Anschauungen. Aber das mache doch nicht den wesentlichen Unterschied aus, dieser bestehe vielmehr in der Zusammenfügung mehrerer Wörter zu einem Satze. Wundt handelt S. 244 ff. ausführlich über die Stimmlaute der Tiere und zwar sucht er zu zeigen, wie die Stimmlaute, welche zunächst Ausdrucksbewegungen waren, in der Tiergesellschaft zu Mitteln der Mitteilung wurden, und sodann wie sich aus dem Schmerz- und Wutschrei als dem Anfange allmählich die mannigfachen tierischen Laute entwickelt hätten, wobei unter anderem die Meinung geäußert wird, der Gesang der männlichen Singvögel könne vielleicht im letzten Ende auf das Wutgeschrei der um das Weibchen kämpfenden Männchen zurückgehen. Ich begnüge mich mit dieser Andeutung, da die Dinge, um die es sich handelt, meinem Studienkreis zu fern liegen.

2. Die Kindersprache.

Es ist eine unter Müttern und Kindermädchen nicht seltene Meinung, daß die holden Kleinen in ihrer staunenswerten Klugheit sich selbst ihre Sprache erfinden. Doch wird diese für unseren Nachwuchs so schmeichelhafte Ansicht von den Gelehrten nicht anerkannt. Paul S. 163 sagt kurz und gut: „diese Sprache ist nicht eine Erfindung der Kinder; sie wird ihnen so gut wie jede andere Sprache überliefert“, und ebenso urteilt Wundt in längerer Ausführung (S. 273—287), worauf ich den Leser verweise. Dagegen fasse ich hier kurz die lehrreichen Ausführungen zusammen über die Art, wie ein Kind sich die Sprache der Umgebung aneignet. Nach den Beobachtungen, die sich allmählich angesammelt haben (unter denen die von Preyer hervorragen), nimmt man an, daß die ersten Schreie bei dem menschlichen Kinde ebenso wie bei dem Tiere durch die Affekte des Schmerzes und der Wut eingegeben sind. Dann folgen weniger energische Aeußerungen, zunächst wohl nur als Ausfluß geringerer

Unlustempfindungen, allmählich aber folgen auch Aeußerungen, welche mit mäßigen Lustgefühlen in Beziehung stehen, die das Kind von sich giebt, wenn es sich behaglich fühlt, neugierig oder verwundert ist. Dahin gehören die zahlreichen völlig sinnlosen Lautverbindungen (Artikulationen S. 269) wie *am, ab, om, ra, da, an, na, bu, hu.* Es fällt auf, daß sie so zahlreich sind, zahlreicher als bei irgend einem Tiere. Vielleicht haben wir in ihnen — so meint Wundt erklärend — das Erbteil zu sehen, das die Kinder von ungezählten Generationen sprechender Vorfahren mitbringen. Diese Artikulationen nun spielen beim Sprechenlernen insofern eine Rolle, als sie es dem Kinde leichter machen, das ihm Vorgesprochene nachzubilden. Das erste, was ein Kind nachspricht, wird eine Art Mittelding sein zwischen dem, was es gehört oder am Munde abgesehen hat, und dem, was es von Natur konnte. Mit einem solchen Wortklang ist für das Kind eine Bedeutung noch nicht verbunden, diese kommt erst auf einem anderen Wege hinzu. Sie entsteht erst, indem der Lehrende beim Aussprechen des Wortklanges mit einer Geberde auf einen Gegenstand hinweist und dadurch eine Brücke zwischen Wort und Ding schlägt. Offenbar sind zunächst Geberde und Gegenstand nicht getrennt, da aber die Geberde mit immer wechselnden Gegenständen verbunden wird, löst sie sich für das Verständnis des Kindes allmählich von ihnen los, und nur der Gegenstand wird mit dem Wortklang associiert. Die hier geschilderten Vorgänge, welche natürlich nur die allerersten Anfänge der Spracherlernung darstellen, können zugleich als ein gutes Beispiel dienen, an dem man sich das oben S. 36 besprochene Verhältnis zwischen Association und Apperception (im Wundt'schen Wortsinne) anschaulich machen kann. Zunächst entwickeln sich

Associationen zwischen Wortklang einerseits und Geberde und Gegenstand andererseits. Indem nun aber die Geberde ausgeschaltet und lediglich Wort und Gegenstand verbunden werden, macht sich eine Auswahl und damit eine apperceptive Thätigkeit bemerkbar. Selbstverständlich ist aber eine solche Thätigkeit nicht bei jedem einzelnen Falle nötig, sondern nach einiger Uebung verbinden sich in jedem weiteren Falle Wortklang und Gegenstand unmittelbar und sozusagen von selbst.

3. Die ältesten Lautkomplexe. Onomatopöie.

Indem ich mich dem Mittelpunkte unserer Frage nähere, halte ich es für angemessen, mit besonderer Genugthuung hervorzuheben, daß Wundt in den leitenden Grundsätzen durchaus mit der heutigen Sprachforschung übereinstimmt, was man deutlich empfindet, wenn man folgende Sätze von Paul erwägt. Paul hebt mit Schärfe hervor, wie es vorher von Steinthal geschehen war, daß wir nicht den geringsten Grund zu der Vermutung haben, als hätten den Urmenschen sprachschaffende Kräfte zur Verfügung gestanden, die jetzt verschwunden seien. „Auch in der gegenwärtig bestehenden leiblichen und geistigen Natur des Menschen müssen alle Bedingungen liegen, die zu primitiver Sprachschöpfung erforderlich sind. Ja wenn die geistigen Anlagen sich zu höherer Vollkommenheit entwickelt haben, so werden wir daraus sogar die Konsequenz ziehen müssen, daß auch diese Bedingungen jetzt in noch vollkommnerer Weise vorhanden sind als zur Zeit der ersten Anfänge menschlicher Sprache. Wenn wir im allgemeinen keinen neuen Sprachstoff mehr schaffen, so liegt das einfach daran, daß das Bedürfnis dazu nicht mehr vorhanden ist“ (S. 155), womit man Wundt 1, 315 vergleiche. Sodann besteht darin völlige Einigkeit, daß die ersten Sprachlaute nicht den Zweck der Mitteilung hatten. „Vor Schöpfung der Sprache — sagt Paul S. 165 — weiß der Mensch nichts davon, daß er einem anderen mit Hülfe der Sprachlaute etwas mitteilen kann. Dieser Grund allein würde genügen, um jede Annahme einer absichtlichen Erfindung zurückzuweisen. Wir müssen in Bezug auf die ersten Sprachlaute durchaus bei Steinthal's Ansicht stehen bleiben, daß sie nichts anderes sind als Reflexbewegungen. Sie befriedigen als solche lediglich ein Bedürfnis des einzelnen Individuums ohne Rücksicht auf das Zusammenleben mit den anderen. Sobald aber ein solcher Reflexlaut von anderen Individuen percipiert wird zugleich mit der sinnlichen Wahrnehmung, die ihn hervorgerufen hat, so kann beides in Beziehung zu einander gesetzt werden“. Endlich sei noch die hohe Bedeutung erwähnt, die auch schon Paul der Hülfe der Geberdensprache zuschreibt: „Wir werden uns überhaupt zu denken haben, daß die Lautsprache sich in ihren Anfängen an der Hand der Geberdensprache entwickelt hat, daß ihr die Unterstützung durch dieselbe erst nach und nach entbehrlich geworden ist, je weiter sie sich vervollkommnet hat“ (S. 166). Um die Besonderheiten der Wundt'schen Ansicht, die nun doch bei aller dieser Uebereinstimmung vorhanden sind, verständlich zu machen, schließe ich mich der von Wundt S. 302 ff. gewählten Stoffeinteilung an.

a) Naturlaute der Sprache und ihre Umbildungen.

Daß die Interjektionen als Naturlaute an der Schwelle der Sprache stehen, ist seit lange anerkannt, und ebenso, daß Wörter oder Wörterverbindungen der ausgebildeten Sprache wieder in die Klasse der Naturlaute zurückkehren können, z. B. *o je*. Wundt nennt mit Paul die Interjektionen der ersteren Art die primären, die der zweiten die sekundären. Wenn Paul S. 162 sagt: „Die meisten unter diesen und die individuellsten in Bezug auf die Lautform und den Empfindungston sind Reaktionen gegen plötzliche Erregungen des Gehörs- oder des Gesichtssinnes“ und dann nach Beendigung des Abschnittes über die Interjektionen den nächsten Abschnitt mit den Worten beginnt „Onomatopoetisch sind ferner die meisten Wörter der Ammensprache“, so betont er offenbar den onomatopoetischen Charakter zu stark. Die meisten Sprachforscher werden mit Wundt der Ansicht sein, daß Interjektionen, wie die deutschen *o*, *ach*, *ah*, *au*, *ei* ebenfalls zu den ursprünglichsten gehören und daß man also eine Definition anstreben müsse, unter welche auch diese gebracht werden können. Sie sind eben Entladungen von Affekten, oder um in Wundt'schen Termini zu reden, sie sind Folgen der Ausdrucksbewegungen von Affekten und zwar solcher Bewegungen, bei denen die mit der Lauterzeugung beschäftigten Muskeln beteiligt sind. Die Affekte aber werden durch allerhand Eindrücke, unter anderen auch durch akustische erweckt (vergl. unter b). Nicht beistimmen kann ich Wundt, wenn er die Vokative und Imperative zu den Interjektionen rechnet. Es ist ja eine wesentliche Eigentümlichkeit der Interjektionen, daß sie, wie Paul sich ausdrückt, ganze Anschauungen enthalten, während der Vokativ und der Imperativ Formen des Substantivums und des Verbums sind. Die Verschiedenheit wird, wie mir scheint, durch die Wundt'sche Erklärung, der Vokativ sei „gewissermaßen eine auf eine bestimmte Vorstellung bezogene Unterform der Interjektion" (S. 305), nicht beseitigt, sondern hervorgehoben. Wie kann eine Interjektion, die eben keine bestimmte Vorstellung ist, auf eine solche bezogen werden? Ich werde bei dem Begriffe *Satz* auf diese Frage zurückkommen.

Aus Interjektionen werden bekanntlich oft Worte gebildet, wie z. B. *ächzen* aus *ach*. Dazu zählt Wundt auch die Wörter *Vater* und *Mutter*, die im Sanskrit *pitár* und *mātár* lauten. Natürlich ist über diese Wörter von Sprachforschern unendlich viel gehandelt worden, worüber ich, soweit es das Indogermanische angeht, in meiner Abhandlung über die indogermanischen Verwandtschaftsnamen (Abh. der sächs. Ges. d. Wiss., phil.-hist. Klasse, Bd. 11 S. 381 ff.) gesprochen habe. Man findet dort des näheren ausgeführt, daß die Sprachforscher jetzt nicht mehr geneigt seien an einer Ableitung aus sinnvollen Wurzeln festzuhalten, sondern anzunehmen, daß die beiden Wörter aus Lallwörtern der Kindersprache (*pa* und *ma*) in die Sprache der Erwachsenen übernommen und den Formen derselben angeglichen worden seien (S. 391, vergl. die genaueren Darlegungen über *Vater* S. 448). Das ist auch der Standpunkt Wundt's, der sich auf Buschmann's Schrift über den Naturlaut und damit auf ein sehr reiches Material aus den verschiedensten Sprachen bezieht. Man hat sich also zu denken, daß *pa* und *ma* zunächst Aeußerungen gelinder Lustaffekte gewesen seien und daß dann in der Weise, wie es in dem Abschnitt über das Sprechenlernen der Kinder gezeigt ist, die Beziehung auf die Eltern hinzugekommen sei. In Bezug auf die Wahl der Laute *p* und *m* macht Wundt (S. 299) die zutreffende Bemerkung, daß gerade diese sich zur Bildung primitiver Kinderwörter eigneten, weil sie zu denen gehören, die das Kind leicht den Erwachsenen vom Munde ablesen kann. Wenn er aber S. 329 meint, der stärkere *p*-Laut bezeichne das stärkere Geschlecht, so kann ich ihm nicht beipflichten. Ich halte es für wahrscheinlicher, daß *ma* auf die Mutter bezogen wurde, weil es an die Saugbewegung erinnert.

b) Lautnachahmung.

Steinthal, der zuletzt in seiner Schrift vom Ursprung der Sprache S. 310 ff. über diesen Gegenstand gehandelt hat, und Wundt stimmen darin überein, daß sie unter Lautnachahmung (onomatopoetischer Bildung) nicht bloß die Nachahmung eines Naturlautes durch einen Sprachlaut, sondern ganz allgemein die Nachahmung irgend eines dem Sinnengebiete angehörigen Vorganges durch den Sprachlaut verstehen. Es gehört also dahin nicht bloß ein Wort wie *klatschen*, sondern auch ein Wort wie *bammeln*[1]), worunter wir die pendelartige Bewegung eines hängenden Gegenstandes verstehen. Dabei würde *klatschen* einen Unterfall in der Gesamterscheinung der Lautnachahmung darstellen, welcher dadurch ausgezeichnet ist, daß der Vorgang dem Bereich des Gehörs zufällt. Unter diesen Umständen muß man fragen, inwiefern denn eigentlich noch das Wort Nachahmung gerechtfertigt ist. Bei *klatschen* vielleicht, aber worin besteht die Nachahmung oder, anders ausgedrückt, die Aehnlichkeit zwischen Laut und Vorgang bei *bammeln*? Darauf antwortet Steinthal S. 311: „Der onomatopoetische Laut wird erzeugt durch das Gefühl, welches die Wahrnehmung des Objektes begleitet; dieses Gefühl nämlich reflektiert auf die Sprachorgane. Wenn

1) Ich nehme an, daß dieses Wort nicht aus *baumeln* entstanden, sondern ebenso ursprünglich ist wie dieses. (Uebrigens sehe ich auch keinen Grund, *baumeln* mit *Baum* in Zusammenhang zu bringen.)

nun dieser Reflexlaut wieder wahrgenommen wird, so kann die Wahrnehmung desselben nur dasselbe Gefühl hervorrufen, durch welches er entstanden ist", und darin — so füge ich erläuternd hinzu — besteht die Aehnlichkeit zwischen Objekt und Laut. Steinthal fährt dann fort: „Das onomatopoetische Lautgebilde ist Reflex, d. h. also, es ist nach seinem Ursprunge mit der Wahrnehmung des Objektes verwandt, von dieser erzeugt; und dieser genetische Zusammenhang spricht sich in der Gleichheit oder Aehnlichkeit des Gefühles aus." In dieser Darstellung bemängelt Wundt zunächst die Anwendung des Terminus Reflexvorgang, da er, wie oben S. 22 gezeigt worden ist, unter Reflexbewegung eine mechanisierte Triebbewegung verstanden wissen will, bei welcher alle psychischen Vorgänge ausgeschaltet sind. Er ersetzt also Reflexvorgang durch Ausdrucksbewegung. Doch ist das nicht nur die Ersetzung eines Kunstausdruckes durch den anderen, vielmehr ist die Auffassung thatsächlich verschieden. Wundt legt nämlich den entscheidenden Wert auf den Begriff Bewegung. Der körperliche Bestandteil eines Affektes ist, wie oben S. 21 ausführlich gezeigt worden ist, eine Ausdrucksbewegung. Diese kann stattfinden durch die Beine, die Hände, die Gesichtsmuskeln, oder auch durch diejenigen Muskeln, auf deren Thätigkeit die Hervorbringung der Sprachlaute beruht. Das erste, was entsteht, ist also eine Artikulationsgeberde oder, wie Wundt sagt, eine Lautgeberde, und erst aus dieser ergiebt sich der Sprachlaut. Der Unterschied zwischen Steinthal und Wundt ließe sich also an unserem Musterbeispiel *bammeln* so darlegen. Steinthal sagt: ich sehe einen bammelnden Gegenstand, der Anblick erzeugt ein Gefühl, dieses löst eine Reflexbewegung aus, welche den Laut erzeugt. Wundt aber würde sich etwa so ausdrücken: der bammelnde Gegenstand erregt meine Teilnahme, welche sich darin äußert, daß mein Körper ebenfalls in Schwingung gerät. Wie die Hand hin und her geht, so entsteht auch eine auf und ab gehende Bewegung der Lippen und das Ergebnis dieses Muskelvorganges ist das Wort *bammeln*. Wundt ist, wie sich bei einem so viel behandelten Gegenstand von selbst versteht, nicht der erste, dem diese Anschauung gekommen ist. Schon Steinthal hat S. 316 die Möglichkeit erwogen, daß die Reflexlaute Produkte eines Bewegungsgefühles in den Sprachorganen sein könnten, „welches analog ist dem Bewegungsgefühl, das in anderen Gliedern durch eine wahrgenommene oder vorgestellte Bewegung erzeugt wird", aber klar erfaßt und durchgeführt ist der Gedanke doch erst von Wundt. Doch ist mir fraglich, ob die Wörter von dem Typus *klatschen* schon ganz zu ihrem Rechte gekommen sind. Wenn nach der gewiß richtigen Ansicht von Wundt der Eindruck eine Artikulationsbewegung hervorbringt, die dann ihrerseits den Laut erzeugt, der dadurch sozusagen als ein Nebenprodukt des ganzen Vorganges erscheint, so sieht man nicht deutlich genug ein, wie eine Aehnlichkeit zwischen dem Naturlaut und dem Sprachlaut, die doch häufig genug sich unmittelbar aufdrängt, eigentlich zustande kommen kann. Ich glaube, daß man unterscheiden muß zwischen solchen Vorgängen, die durch Auge und Ohr, und solchen, die nur durch das Ohr aufgefaßt werden. Als ein Beleg für die erstere Art mag der dumpfe Fall eines schweren Körpers, etwa eines Menschen dienen, der uns zu dem Ausruf veranlaßt: *bums! da liegt er*. Vielleicht hat man sich hierbei den Hergang so zu denken, daß aus der Fülle verschiedener Lautgebilde, welche infolge des Gesamteindruckes des Falles entstanden, sich dasjenige erhielt, welches dem kontrollierenden Ohr als das passendste erschien. Auch ist nicht ausgeschlossen, daß bei dieser Kontrolle der ursprüngliche Sprachlaut eine leise Umänderung, etwa in Bezug auf den Vokal, erfuhr. Als ein zur zweiten Gattung gehöriger Vorgang würde etwa der aus einem Gebüsch ertönende Gesang eines Vogels anzusehen sein. Wie soll man sich die Uebereinstimmung mancher Vogelnamen mit dem Ruf oder Gesang des Vogels erklären? Daß eine solche wirklich vorhanden ist, ist neuerdings in einer von beneidenswerter Naturkenntnis zeugenden Abhandlung von J. Winteler (Naturlaute und Sprache, Ausführungen zu W. Wackernagel's Voces variae animantium, Aarau 1892 bei Sauerländer) gezeigt worden, worin die deutschen Namen vieler Vögel mit den Lautgebilden verglichen werden, durch welche Naturkundige ganz ohne Rücksicht auf Sprachforschung die Stimmen der Vögel auszudrücken versucht haben. Ich führe einige Belege an. Der Ruf von Bubo ignavus ist ein weit hörbares *buhu*, der Name *Uhu*, *Huhu*, *Puhu* u. ähnl.; Turdus musicus ruft *zip*, nach einem anderen Beobachter *tsi* oder *zip*, heißt *Zippe*, *Ziepdruschel* (dieses sächsisch); Emberiza cirlus hat die Locktöne *zirr* oder *zirrrr*, heißt *Zirlammer*; eine andere Art ruft *zipp* und heißt *Zippammer*; Fringilla caelebs hat als Lockstimme *fink* oder *pink*, heißt Fink. Einer seiner bekanntesten Schläge beginnt mit *fri* und wird volkstümlich umschrieben: *Fritz, willst du mit zu Weine gehn?*; Carduelis elegans ruft *stichlit*, *ziflit*, heißt *Stieglitz*; über den Pirol sagt Brehm: „wir haben seine Stimme als Knaben einfach mit *piripiriol* übersetzt, der lateinische und deutsche Name sind Klangbilder von ihr". Wie aus einer Bemerkung von Wundt (1, 318) hervorgeht, sieht er in Namen, wie sie hier angeführt sind, keine Reste ursprünglicher Namengebung, sondern denkt sich die Sache offenbar so, daß die Laute, welche die Rufe der Tiere nachahmen, dem schon vorhandenen Namen später als Unterscheidungsmittel beigegeben wurden. Das wird bei manchen Fällen zutreffen, z. B. bei *Zirlammer* und *Zippammer*. In anderen Fällen mag es wieder anders sein. Oder sollte man sich nicht vorstellen können, daß einer unserer Vorfahren in urältesten Zeiten, wenn er in einem Busch den Gesang eines Vogels gehört hat, einen seiner Genossen leise heranführte und, mit entzücktem Gesicht auf den Busch zeigend, ein *lullú-lullú* ertönen ließ, um damit zu verstehen zu geben, daß darin ein Vogel saß, der so sang, und konnte nicht auf diesem Wege der Name eines Vogels entstehen? Das setzt freilich bewußte Nachahmung und also Erfindung voraus. Aber ich glaube, wie man in der ganzen Entwickelung der Sprache neben der ungeheuren Masse unbewußter Vorgänge doch auch Erfindungen der Einzelnen annehmen muß, die durchgedrungen sind, so wird man auch für die Urzeiten nicht ganz ohne diese Annahme auskommen.

Die folgenden Abschnitte tragen die Ueberschriften: Lautgeberden zur Bezeichnung der Artikulationsorgane und Natürliche Lautmetaphern (S. 324—347). Ich verhalte mich zu ihnen im wesentlichen ungläubig, was sich freilich zum Teil daraus erklären mag, daß die Vermutungen Wundt's sich auf Sprachen beziehen, über die ich aus Mangel an Kenntnis nicht urteilen kann. Wundt geht bei seiner Darstellung von der Thatsache aus, daß wir oft dem Klange der Worte einen Gefühlston beilegen, der in ihnen von Anfang an nicht enthalten gewesen sein kann. Ein treffender Beleg dafür ist der homerische Vers: *ἱστία δέ σφιν Τριχθά τε καὶ τετραχθὰ διέσχισε ἲς ἀνέμοιο*, Odyssee 9, 71, wo gewiß die Griechen in *τριχθά τε καὶ τετραχθά* etwas wie *ritsch*, *ratsch* empfanden, obgleich die beiden Wörter doch ganz harmlose Ableitungen von Zahlwörtern sind. Daß derartiges sich auch in der gewöhnlichen Sprache zuträgt, wird allgemein angenommen, z. B. für die deutschen Wörter *donnern*, *lind*, *stät* u. a. So natürlich diese Auffassung erscheinen mag, so ist sie doch im einzelnen Falle kaum zur Evidenz zu bringen. Wundt beschränkt daher seine Betrachtungen auf den seiner Meinung nach weniger anfechtbaren Fall, daß zwei oder mehrere im Bewußtsein vorhandene, innerlich zu einander in Beziehung stehende Wörter auf einander wirken, und so jedes von ihnen im empfundenen Gegensatz gegen das andere oder die anderen einen Beisatz von Gefühl erhält. So soll es sich bei *Papa* und *Mama* verhalten, über die ich oben S. 78 eine andere Vermutung vorgetragen habe, so bei verschiedenen Pronominalstämmen, so endlich bei Nominibus und Verbis, die verschiedene Nuancen eines Begriffes ausdrücken. Ich wähle zur Veranschaulichung aus, was Wundt über einige offenbar als zusammengehörig empfundene griechische Wörter sagt, die schallnachahmend sind und dabei durch die verschiedene Vokalfärbung eine verschiedene Art des Schalles auszudrücken scheinen. Er sagt S. 336: „So giebt es eine Reihe indogermanischer Wurzeln, die mit dem Laute *kr* beginnen und die sämtlich den Begriff des Geräusches in irgend einer Weise modifiziert ausdrücken. Kommt noch der explosive Auslaut *k* hinzu, so wird daraus der Begriff des lauten Geräusches; die einzelnen Modifikationen dieses letzteren werden dann durch die verschiedenen Inlaute *a*, *u*, *i* ausgedrückt, *krak* das plötzliche krachende Geräusch (κράζω krache), *kruk* den dauernden lauten Schall (κραυγή Lärm), *krik* den scharfen eindringenden Laut (κρίζω zirpe).“ Betrachtet man den Gebrauch der beiden Verben genauer, so zeigt sich, daß *κράζω* nicht „krachen" bedeutet, sondern überall von der menschlichen oder tierischen Stimme, z. B. von Fröschen, gebraucht wird. Der älteste Beleg ist Odyssee 14, 467 *ἀνέκραγον*, „ich bin damit herausgeplatzt". Die Angabe, daß *κρίζω* zirpen bedeute, scheint auf einem Irrtum zu beruhen. Mir ist nur bekannt *κρίκε δὲ ζυγόν* Ilias 16, 470, was wohl richtig durch „krachte" wiedergegeben wird, sodann *Ἰλλύριοι κεκριγότες* Aristophanes, Vögel 1521, was sonderbarerweise in dem Lexikon von Pape übersetzt wird: „die vor Hunger mit den Zähnen knirschen, klappern", von den Scholiasten aber mit mehr Wahrscheinlichkeit auf die Sprache der Barbaren bezogen wird, die vielleicht als Vogelgezwitscher oder sonst ein Tierlaut aufgefaßt wurde. Man sieht hieraus, daß das gegensätzliche Verhältnis der Vokale nicht so deutlich heraustritt, wie man wünschen möchte. Viel weniger noch leuchtet mir ein, daß *tegere* bedecken, *tangere* berühren und *taxare* betasten eine solche Gruppe bilden sollen, u. a. m.

Will man den Vorzug der Wundt'schen Auffassung des Problems vom Ursprung der Sprache in einen Satz fassen, so kann man sagen: er hat den Gedanken, daß die Sprache eine Ausdrucksbewegung ist, zu Ende gedacht. Danach hat man sich vorzustellen, daß ein Eindruck einen Affekt hervorruft. Zu diesem gehören Bewegungen des Körpers. Das Haupt richtet sich straffer in die Höhe, die Arme strecken sich aus, die Sprechwerkzeuge geraten in Bewegung. Da mit dieser Artikulationsgeberde eine Lautäußerung sich von selbst verbindet, nennt man sie Lautgeberde. Eine solche Geberde ist (wenn es erlaubt ist, den oben von mir gewählten Ausdruck auch hier anzuwenden) manifestierend, in manchen Fällen auch nachahmend (z. B. in den Fällen von dem Typus *bammeln*). Der Zusammenhang zwischen dem Eindruck und dem Laut ist also nur ein indirekter. Das Verständnis eines Lautgebildes entwickelt sich im Verkehr der Menschen, und zwar offenbar so, daß alle Geberden sprechen, nicht bloß die Lautgeberden. Ohne hinweisende Geberde würde man meist nicht wissen, worauf sich der Laut bezieht. Nachdem diese Art der Verständigung eine Weile geübt worden ist, wird die pantomimische Geberde überflüssiger, die Bedeutung, welche ursprünglich durch die Gesamtheit der Geberden bewirkt wurde, lokalisiert sich in der Lautgeberde. Wundt nennt diese seine Ansicht die Entwickelungstheorie, von einem anderen Gesichtspunkte aus könnte man sie auch Bewegungstheorie nennen, denn eben das ist ihre Eigentümlichkeit, daß sie als das erste Ergebnis eines Eindruckes nicht das Lautgebilde, sondern die Artikulationsgeberde hinstellt.

Sprache und Gesang.

Es lohnt sich wohl, mit dieser Theorie zu vergleichen, was ein moderner Sprachforscher, der sich im entschiedenen Gegensatz zu den „Träumereien deutscher Philosophen" fühlt, über den Ursprung der Sprache sagt: ich meine Otto Jespersen in seinem anregenden Buche Progress in language, London 1894. Indem Jespersen die Entwickelungslinien, welche sich in der Geschichte der heutigen, besonders der indogermanischen Sprachen entdecken lassen, im Geiste weiter nach rückwärts verfolgt, kommt er zu der Ansicht, daß die älteste Sprache schwieriger zu sprechende Laute, klangvoller betonte und sehr viel längere Worte besaß als die jetzige, ja daß ein durchgehender Unterschied zwischen Wort und Satz nicht empfunden wurde. Durch diese gewaltigen Wortkörper wurden nicht abstrakte und allgemeine, sondern konkrete und besondere Vorstellungen ausgedrückt, denn man wird nicht umhin können, sich die älteste Sprache nach Art solcher Sprachen vorzustellen, die wohl Bezeichnungen für eine Menge von Bäumen, aber kein Wort für Baum, wohl Bezeichnungen für allerhand Arten von schneidender Thätigkeit, aber kein Wort für schneiden hatten. Die Menschen, die so sprachen, waren natürlich nicht nüchterne Geschäftsleute, sondern kindische, schwatzende, lärmende, von Leidenschaften hin und her geschüttelte Wesen. Die Leidenschaft war es, die sich in ihren Aeußerungen entlud, und diese Aeußerungen waren Gesang. Wie es jetzt noch Wilde giebt, die jedes irgend auffällige Ereignis zum Gesang anregt, von der Ankunft eines Fremden bis zum Erdbeben, so haben wir uns auch unsere Vorfahren eher singend als sprechend zu denken. Der Mensch drückte eher seine Gefühle im Gesang als seine Gedanken in der Sprache aus. Voran aber stand das Gefühl der Liebe. „Man muß die Entstehung der Sprache — so meint Jespersen S. 357 — nicht auf der prosaischen, sondern auf der poetischen Seite des Lebens suchen, die Quelle der Sprache ist nicht finsterer Ernst, sondern fröhliches Spiel und jugendliche Heiterkeit. Ich höre in der primitiven Sprache das lachende Jubelgeschrei, wenn Burschen und Mädchen sich überbieten, die Aufmerksamkeit des anderen Geschlechts auf sich zu ziehen, wenn jeder seinen lustigsten Sang singt oder seinen trefflichsten Hopser springt, um ein Paar bewundernde Augen auf sich zu lenken. Die Sprache wurde in der Zeit des Liebeswerbens geboren. Ich stelle mir die ersten Sprachäußerungen vor als eine Art von Mittelding zwischen den lyrischen Tönen des Kätzchens auf dem Dache und dem melodischen Liebeslied der Nachtigall. Wie stark aber auch der Einfluß der Liebe gewesen sein mag, es war nicht das einzige Gefühl, welches dazu drängte, urtümliche Gesänge hervorzubringen. Jede starke Bewegung und besonders jede freudige Erregung klingt im Gesange aus." Mit diesem Tirelieren verband man natürlich nicht die Absicht der Mitteilung. Man sang eben, wie der Hänfling singt. Erst langsam entwickelte sich der Gesang zur Sprache und damit zum Organ der Gedankenmitteilung. Wie das zuging, kann man sich nach J. wohl noch einigermaßen anschaulich machen. Zunächst werden Eigennamen entstanden sein. Man stelle sich vor, daß ein Bursche seine Liebste ansang „*with a hey and a ho and a hey-nonino*", so konnte aus diesem seinem persönlichen Leitmotiv, das ihn von anderen seinesgleichen unterschied, leicht sein Spitzname werden. Wenn er in Sicht kam, fiel den anderen sein Leitmotiv ein und sie spotteten es ihm nach. Das heißt, in unserer Sprache ausgedrückt, so viel als: da kommt Herr *hey-and-ho-and-hey-nonino*. Sind aber erst Eigennamen da, so können sie zu appellativen Wörtern werden, etwa wie man noch jetzt von jemand sagt: er ist ein Krösus oder: er ist kein Bismarck. Eine andere Möglichkeit der Entwickelung ist in folgender phantasievollen Ausführung angedeutet (S. 364): „Wenn eine Anzahl von Menschen ein Ereignis zusammen erlebt hat und sie es gemeinsam mit einem improvisierten Gesang begleitet haben, so verbinden sich diese beiden Vorstellungsmassen, und später wird der Gesang bei denjenigen, die das Ereignis mit erlebt haben, dieses wieder ins Gedächtnis rufen. Man stelle sich vor, ein gefürchteter Feind sei erschlagen, der Trupp tanzt um den Leichnam und stößt ein Triumphgeschrei aus, sagen wir etwas wie *tarara-boom-de-ay*. Diese Verbindung von Tönen, nach einer gewissen Melodie gesungen, stellt nun das vor, was man den Eigennamen des Ereignisses nennen könnte. Man könnte übersetzen: ‚der schreckliche Feind jenseits des Flusses ist erschlagen', oder ‚wir haben den schrecklichen Feind jenseits des Flusses getödtet', oder ‚wißt ihr noch, wie wir ihn totschlugen' oder so ähnlich. Unter ein wenig veränderten Umständen kann daraus der Name des Mannes werden, der den Feind erschlug. Dann kann die Entwickelung weitergehen durch Uebertragung des vorhandenen Lautgebildes auf ähnliche Situationen" u. s. w. Schließlich sind aus diesen Satzwörtern die Wörter des Satzes entstanden.

Wie man sieht, kann sich Wundt in einer Hinsicht mit diesen Ausführungen wohl vertragen, denn auch Jespersen faßt ja das Sprechen als Ausdrucksbewegung auf, aber in einem anderen Punkte gehen die Ansichten weit auseinander. Während Jespersen sich die Humboldt'sche Wendung aneignen kann, daß der Mensch von Natur ein singendes Geschöpf ist, hält Wundt mit Bücher (Arbeit und Rhythmus von Dr. Karl Bücher, 2. Aufl., Leipzig, bei Teubner, 1899) den Gesang des Menschen für eine, im letzten Grunde auf der menschlichen Arbeit beruhende Errungenschaft der Kultur. Ob er darin wohl recht hat? Ich glaube es nicht und will versuchen, diesen meinen Zweifel durch eine kurze Erörterung des Bücher'schen Gedankenganges zu begründen. Man hat längst beobachtet, daß Poesie und Musik Geschwister sind, und daß sich ihnen in alter Zeit häufig der Tanz zugesellt, und hat ferner gemeint, daß der Rhythmus vom Tanze aus auf Musik und Sprache übertragen worden sei. Das ist z. B. die Ansicht von Scherer, der in seiner vieles Schöne und Beachtenswerte enthaltenden Poetik S. 12 ausdrücklich sagt: „Ich zweifle nicht daran, daß die Ansicht von der Entstehung des Rhythmus die richtige ist, welche ihn aus dem Tanze herleitet." Mit einer solchen Auffassung kann Bücher ein Stück Weges zusammengehen, denn auch er bemerkt S. 277: wie es keine Dichtung gebe, die nicht ursprünglich gesungen worden sei, so gebe es keinen Gesang, der nicht mit Körperbewegung begleitet gewesen sei. Auch darin stimmt er mit seinen Vorgängern überein, daß er die Quelle des Rhythmus nicht in der Sprache oder Musik, sondern in der Körperbewegung sucht, aber — und darin weicht er ab — nicht in der Körperbewegung des Tanzes. Denn bei diesem — so meint Bücher S. 300 — ist wie bei den Bewegungsspielen der Rhythmus „Sache freier künstlerischer Gestaltung, stellt also nichts Festes, Naturnotwendiges dar", dagegen giebt es ein Gebiet, auf dem die zeitlichen Maßverhältnisse gleichmäßiger Bewegung technisch gegeben sind. Diese Körperbewegungen, die ihr rhythmisches Gesetz in sich tragen, sind die Arbeitsbewegungen. Es giebt eine große Menge von weit verbreiteten Arbeiten, wie z. B. die des Schmiedes, des Tischlers, des Stampfers, die eine entschiedene Anlage haben, sich rhythmisch zu gestalten, und diese Arbeiten sind, wie Bücher ausführlich nachweist, so gut wie überall mit Gesängen, den Arbeitsgesängen verbunden. Man muß also annehmen, daß von vornherein ein gegenseitiges Abhängigkeitsverhältnis zwischen Arbeit und Gesang besteht, und bei diesem Verhältnis hat — so nimmt Bücher an — die Arbeit die Führung. Somit tritt bei Bücher die Arbeit an die Stelle, wo andere den Tanz erblicken. „Wir kommen zu der Entscheidung — sagt er S. 305 — daß Arbeit, Musik und Dichtung auf der primitiven Stufe ihrer Entwickelung in eins verschmolzen gewesen sein müssen, daß aber das Grundelement dieser Dreieinheit die Arbeit gebildet hat, während die beiden anderen nur accessorische Bedeutung haben." Also der Rhythmus bildet sich aus bei der Arbeit und wird von da übertragen auf Musik und Dichtung. Die Arbeitsgesänge stellen, wenn auch nicht in ihrem jetzigen Bestande, den ursprünglichsten Typus der Poesie dar. „Es ist die energische rhythmische Körperbewegung, die zur Entstehung der Poesie geführt hat, insbesondere diejenige Bewegung, welche wir Arbeit nennen. Es gilt dies aber ebensowohl von der formellen als von der materiellen Seite der Poesie" (S. 306). Um sich deutlich zu machen, was Bücher unter der formellen Seite versteht, erwäge man namentlich S. 307 und 310, wo ausgeführt wird, daß nicht die Körperbewegung selbst den Anlaß geboten habe, ihre Maßverhältnisse auf die sie begleitenden Laute oder Wörter zu übertragen, indem man den Wortiktus immer mit dem Moment der höchsten Muskelanstrengung hätte zusammenfallen lassen, daß vielmehr die Arbeitsgeräusche die Brücke zwischen Körperbewegung und Sprache gebildet hätten. Schlagen und Stampfen seien in ihrem Zeitmaß durch den kurz abgebrochenen Schall, den sie erzeugen, und durch den räumlichen Verlauf der Bewegung scharf genug abgegrenzt, um bei ihrer rhythmischen Gestaltung von selbst eine musikalische Wirkung zu erzeugen. „Kommt hier die menschliche Stimme hinzu, so braucht sie in Hebung und Senkung, in Dehnung und Kürzung des Lautes nur dem Schall der Arbeit selbst zu folgen oder ihn zu begleiten. Wir werden also unser Augenmerk auf diese Schlag- und Stampfrhythmen zu richten haben, und in der That finden wir hier leicht die einfachsten Metren der Alten wieder." Was die materielle Seite betrifft, so wird darauf verwiesen, daß in der mannigfaltig sich organisierenden

Arbeit sich leicht die Vorbilder der späteren Lyrik, Epik und Dramatik auffinden lassen.

So weit die Ausführungen Bücher's. Meine Bedenken richten sich, wie sich erwarten läßt, gegen den wichtigsten Punkt, nämlich die Behauptung, daß die Rhythmen der Dichtung durch die Rhythmen der Arbeit hervorgerufen sind. Ich finde, daß das an keinem der zahlreichen von Bücher beigebrachten Belege nachgewiesen ist, also z. B. auch nicht an den Mühlenliedern, die an erster Stelle erwähnt werden (S. 60 ff.). Wenn die Bewegung der Handmühle den unverkennbaren Eindruck eines bestimmten Rhythmus hervorbrächte, so müßte man doch erwarten, daß die verschiedenen Mühlenlieder das gleiche rhythmische Aussehen hätten. Das ist aber, wie man sich bei Bücher überzeugen kann, durchaus nicht der Fall. Auch ein Versuch würde, glaube ich, zu demselben Ergebnis führen. Ich weiß nicht recht, wie eine alte Handmühle gedreht wurde. Wenn es aber so geschah, wie bei einer Kaffeemühle, so möchte ich bemerken, daß man diese nach dem verschiedensten Rhythmus bewegen kann, iambisch, trochäisch oder auch nach der Melodie „War einst ein König in Thule“. Ich will nicht leugnen, daß bisweilen eine Arbeit und ein Arbeitsgesang in ihrem rhythmischen Verlauf sich trefflich ineinander schmiegen. Was ich vermisse, ist nur der Nachweis, daß der Arbeitsrhythmus der Erreger des poetischen Rhythmus ist. Der Zusammenhang zwischen Arbeit und Gesang, den Bücher an so zahlreichen Beispielen vorführt, läßt sich auch verstehen, wenn man annimmt, daß die Dichtungen schon vorher vorhanden waren und dann, so gut es eben ging, beim Singen dem Arbeitsrhythmus angepaßt wurden. Ich halte diese Vermutung deshalb für die wahrscheinlichere, weil ich im allgemeinen die Arbeitsstimmung nicht für den Boden halte, aus dem die Dichtung strömt. Die Quellen der Poesie liegen, wie man bisher immer angenommen hat, in den ursprünglichsten und mächtigsten Gefühlen und Leidenschaften des Menschen, in der Stimmung ausgelassener Heiterkeit, die keinen anderen Grund zu haben braucht, als das Gefühl der Kraft und Gesundheit, in dem Verlangen, das die Geschlechter zu einander zieht, in der süßen Empfindung befriedigter Rache oder der wehmütigen Klage um einen Toten. Ich kann nicht glauben, daß die Töne, die bei diesen Gelegenheiten dem Munde entquollen, ihre Rhythmisierung erst empfangen hätten, als der Mensch gelernt hatte, Korn zu mahlen oder mit dem Hammer auf den Amboß zu schlagen. Fragt man mich, wie ich mir denn die Entstehung des Rhythmus denke, so bin ich geneigt, zu antworten, daß Wundt's Ansicht 2, 376 ff. nicht unwahrscheinlich ist, wonach im letzten Grunde der Rhythmus aus dem innerhalb gewisser Grenzen variierenden Umfang unseres Bewußtseins und den Schwankungen unserer Aufmerksamkeit herzuleiten ist. Genaueres möchte ich freilich darüber nicht behaupten. Ich bin zufrieden, wenn ich bei dem Leser den Zweifel angeregt habe, ob Wundt richtig gehandelt hat, wenn er bei der Bestimmung des Verhältnisses zwischen Gesang und Sprache den Spuren Bücher's gefolgt ist. Daß ich mich so bedingt und vorsichtig ausdrücke, möge man nicht tadeln. Denn von einem Nachweis kann ja auf diesem Gebiet nicht eigentlich gesprochen werden. Vielleicht kommen wir weiter, wenn wir über den Gesang der Naturvölker genauere Nachrichten haben werden, als jetzt der Fall ist. Um diese zu gewinnen, wird sich vielleicht der verbesserte Phonograph nützlich erweisen, der in der Ausrüstung eines Reisenden in der Zukunft hoffentlich nicht fehlen wird (vergl. Brenner, Der Phonograph als philologisches Hülfsmittel, Beilage zur Münchener Allg. Ztg. 1900, No. 129).

Viertes Kapitel.

Der Lautwandel.

Während wir bei den Erörterungen des vorigen Abschnittes uns überall durch die Thatsache beengt fanden, daß der Ursprung der Sprache einer unmittelbaren Beobachtung nicht zugänglich ist, stoßen wir bei dem Kapitel vom Lautwandel auf die Schwierigkeit, daß der gegebene Stoff, aus welchem die Gesetze abzuleiten sind, nach seiner Ausdehnung in Tiefe und Breite unübersehbar, in seiner Zusammensetzung äußerst verwickelt und daher für den Forscher in hohem Maße verwirrend ist. Daß dieses Urteil nicht übertrieben ist, mag zuerst durch eine kurze Betrachtung gezeigt werden, bei der an die Anfänge unserer Wissenschaft anzuknüpfen ist. Durch die deutsche und überhaupt die westeuropäische Geschichte ist bei den Gelehrten naturgemäß die Meinung entstanden, daß das Lateinische und Griechische, also Sprachen, welche nicht mehr leben, den würdigsten Gegenstand der grammatischen Behandlung bilden. Auch die von Bopp begründete vergleichende Grammatik schuf darin nur wenig Veränderung, denn sie hielt die Augen mit Vorliebe auf den Punkt gerichtet, wo die rückwärts in die Vergangenheit hinein gezogenen Linien zusammentreffen. So kam es, daß die Wissenschaft sich besonders gern den ältesten Perioden der Sprachen zuwendete. Und darin liegt eine große Gefahr. Man übersieht leicht, daß man eine höchst lückenhafte Ueberlieferung vor sich hat, und verfällt, wenn man nun (wie es natürlich ist) aus diesem Stoffe vieles als unerklärbar ausscheidet, in den Fehler, die Sprachgesetze aus einer kleinen Anzahl ausgewählter Formen zu abstrahieren. Ein Gegengewicht bot die germanistische Wissenschaft, obgleich auch sie sich viel zu lange fast ausschließlich mit den älteren Zeiten beschäftigt hat, namentlich aber die Romanistik und Slavistik, die ja durch ihren Stoff mit Gewalt auf die Gegenwart gewiesen werden. Erst unter diesem Druck sind die Sprachforscher zu der jetzt allgemein anerkannten Ansicht gelangt, daß die Entwickelungsgesetze an den lebenden Sprachen erforscht werden müssen. Nun zeigt aber der Durchschnitt einer lebenden Sprache, z. B. in einem deutschen Lande oder einer deutschen Provinz, eine erstaunliche Mannigfaltigkeit. Jedes Dorf hat seine Eigenheiten für sich, ja selbst innerhalb eines Dorfes spricht die eben aus der Schule entlassene Jugend etwas anders als die ältere Generation. Noch stärker sind die Spuren der Schule in der Stadt, ja, man kann sich des Eindruckes nicht erwehren, daß die Stadtsprache ein Gemisch ist aus Dialekt und Schriftsprache. Nun ist aber jeder dieser beiden Bestandteile in sich schon eine höchst zusammengesetzte Größe. Die Bewohner eines Dorfes oder einer Stadt sind ja nicht die Nachkommen derjenigen die zu Tacitus Zeiten auf derselben Stelle hausten, sondern sind aus der Vermischung der Eingesessenen mit zahllosen Zuzüglern hervorgegangen, und dieser Umstand muß doch auf die Entwickelung der Sprache irgendwie eingewirkt haben. Die Zuzügler waren Deutsche aus der Nähe und

Ferne, Niederländer, Franzosen und sonst Ausländer aller Art. Dazu kommt noch, daß in einem sehr großen Teil von Deutschland früher fremdsprachliche Menschen, z. B. Slaven oder Kelten, gewohnt haben. Wie sollten diese nicht Spuren in der Sprache der jetzigen Bewohner zurückgelassen haben? Und nun gar die Schriftsprache. Wir haben alle in der Schule gelernt, daß sie zu einem Teil beruht auf der böhmischen Kanzleisprache, das ist also auf einer Sprache, deren sich die aus Luxemburg kommenden Kaiser in einem germanisierten Lande mit tschechischer Urbevölkerung bedienten. Mit dieser Kanzleisprache hatte sich dann zu Luthers Zeiten die Sprache der kursächsischen Kanzlei so ziemlich ausgeglichen. Den anderen und natürlich wichtigeren Bestandteil bildet das Mitteldeutsche, d. h. ein sogenannter Uebergangsdialekt, dessen Lautstand dem Sprachforscher manche Nuß zu knacken giebt. In die so entstandene Schriftsprache drangen nun unzählige Wörter aus anderen Dialekten, an der Ausprägung ihrer Formen und Sätze arbeiteten unablässig große und kleine Schriftsteller mit besonderer Mundart und besonderen Neigungen, und endlich, was man oft unterschätzt, einflußreiche und bisweilen gewaltthätige Grammatiker. Wie soll man in solchem Wirrsal wechselnder Erscheinungen den Faden festhalten?

Man darf sich nicht wundern, wenn mit den allgemeinen Entwickelungsgesetzen, die die Sprachforscher einem so gearteten Stoffe allmählich abgerungen haben, nicht viel Staat zu machen ist. Die augenblicklichen Ansichten ließen sich etwa in folgende Punkte zusammenfassen:

1) Unter Lautwandel versteht man die sämtlichen Veränderungen, welche die Sprechenden im Laufe der Zeit an den Lauten innerhalb der durch ihre Sprachorgane hervorgebrachten Worte vollziehen.

2) Man unterscheidet allmählichen und springenden Lautwandel. Allmählich ist z. B. der Uebergang von *s* in *r*, springend der eines *k*-Lautes in einen *p*-Laut. Sodann teilt man den Lautwandel ein in unbedingten (spontanen) und bedingten. Unbedingt nennt man ihn, wenn man annimmt, daß zu seiner Herbeiführung nur diejenigen Kräfte in Thätigkeit treten, welche zur Hervorbringung der in Frage kommenden Laute nötig sind, dagegen bedingt, wenn man annimmt, daß dabei andere Kräfte einen Einfluß ausüben, z. B. die Hervorbringung von unmittelbar angrenzenden oder demselben Worte angehörigen Lauten, eine besondere Art der Betonung oder des Tempos. Es ist freilich zu beachten, daß diese Einteilung fließend ist. Wahrscheinlich werden im Laufe der Zeit immer mehr Erscheinungen dem bedingten Lautwandel zugerechnet werden. Die verschiedenen Arten des Lautwandels erweisen sich der Unterordnung unter Gesetze in verschiedenem Maße zugänglich. Am besten ist das bis jetzt gelungen bei dem unbedingten und innerhalb des bedingten Lautwandels allenfalls noch da, wo unmittelbare Berührung zweier Laute vorliegt.

3) In der Mehrzahl der Fälle geht der Lautwandel vor sich, ohne daß die Sprechenden es bemerken.

4) Die Frage, warum sich die Laute innerhalb der geschichtlichen Entwickelung einer Sprachgenossenschaft verändern, läßt sich weder mit einer zusammenfassenden Formel, noch überhaupt völlig genügend beantworten. Es war zunächst natürlich, daß man diese Veränderungsvorgänge mit dem Einfluß in Zusammenhang brachte, den verändertes Klima und veränderte Lebensgewohnheiten auf den Organismus des Menschen und damit auch auf seine Sprechwerkzeuge ausgeübt hätten. Indessen ist ein Nach-

weis in dieser Richtung bis jetzt nicht gelungen. Soviel ich weiß, ist eine anatomische Verschiedenheit der Sprachwerkzeuge verschiedener Rassen oder Nationen bis jetzt nicht oder kaum nachgewiesen worden, und vollends hat nichts davon verlautet, daß man eine solche Verschiedenheit in verschiedenen Generationen desselben Volkes hätte feststellen können. Es scheint aber auch eine allgemeine Erwägung dagegen zu sprechen, daß man solchen Naturvorgängen allzuviel Gewicht beilege. Die Sprechenlernenden haben nicht, und jedenfalls nicht in erster Linie, die Absicht, dieselben Bewegungen zu machen wie die Personen, von denen sie lernen, sondern sie wollen einen Laut hervorbringen, der dem gehörten gleich ist. Nun kann aber in nicht wenigen Fällen derselbe akustische Effekt durch Bewegungen der Sprachorgane hervorgebracht werden, die ziemlich stark von einander abweichen. Es kommt also mehr auf die Schulung als auf die natürliche Beschaffenheit der Organe an, und wenn gewisse Völker nach dem Zeugnis ihrer Nachbarn ganz unfähig sind, gewisse Laute, z. B. ein *h*, hervorzubringen, so liegt das nur daran, daß sie es nicht gelernt haben [1]). Unter diesen Umständen ist es begreiflich, daß neuere Sprachforscher an die Stelle der Vererbungstheorie die Einübungstheorie gesetzt haben, die sich in den Satz zusammenfassen läßt, daß der Lautstand einer Sprache sich darum verändert, weil es der nachwachsenden Generation immer nur unvollkommen gelingt, das Gehörte nachzuahmen. Freilich hat auch diese Theorie ihre Schwierigkeit. Man wundert sich nämlich, daß die individuellen Abweichungen, die doch gewiß nach allen Richtungen auseinandergehen, schließlich bei den

---

1) Die hier geäußerten Anschauungen sind besonders von Bremer in seiner Phonetik vertreten worden.

Lernenden eine innerhalb eines gewissen Gebietes einheitliche Abweichung erzeugen können. So viel ich sehe, thut man bei dem Versuche, sich diesen Vorgang anschaulich zu machen, gut, zwei Fälle zu unterscheiden, zwischen denen es allerdings mancherlei Uebergänge giebt. Am einfachsten erklärt sich die gemeinsame Richtung der Abweichungen, wenn man eine starke Sprachmischung annimmt. Wenn ein Stamm durch politische Verhältnisse gezwungen wird, sich zur Aneignung einer fremden Sprache zu bequemen, so werden viele Menschen mit ihren gleichmäßig geschulten Sprachwerkzeugen vor die Aufgabe gestellt, fremde Laute nachzuahmen. Es ist anzunehmen, daß die Einzelnen diese Aufgabe ähnlich schlecht lösen werden, so daß die Ausgleichung innerhalb der Gesamtheit nicht besonders schwierig ist. Solche Fälle sind gewiß in der wechselvollen Geschichte unseres Geschlechtes sehr häufig gewesen und werden sich immer wieder ereignen. Ehe nun aber zwei Stämme vorhanden sind, deren Sprachen sich mischen, muß doch jeder von ihnen auf einem anderen Wege zu einer einheitlichen Lautgebung gekommen sein. Unter diesem anderen Weg aber kann man sich, soviel ich sehe, nur vorstellen, daß eine Neuerung bei einem Einzelnen beginnt, und sich von ihm aus in immer weitere und weitere Kreise fortsetzt. Den hauptsächlichsten Grund, warum die Mehreren den Wenigen nachahmen, darf man wohl in dem persönlichen Einfluß der Wenigen suchen. Auf diese Weise können sogar auf persönlichem Geschmack beruhende Eigenheiten oder Fehler eines Einzelnen sich weiter ausbreiten. Es liegt in der Natur der Sache, daß die Ausgleichung, mag sie nun unter diesen oder jenen Verhältnissen erfolgen, unter Umständen erst nach längerer Zeit erzielt wird.

5) Ist innerhalb einer Sprachgemeinschaft eine Aus-

gleichung eingetreten, so hat man zu erwarten, daß ein Laut überall, wo er erscheint, unter sonst gleichen Bedingungen auch gleich ausgesprochen werde. Dasselbe gilt natürlich für die Laute, deren Aussprache in absehbarer Zeit nicht merklich verändert worden ist, hinsichtlich deren also eine Ausgleichung nicht nötig war. Dabei hat man sich natürlich nur eine solche Gleichheit vorzustellen, wie sie unter den Bewegungen verschiedener Menschen überhaupt denkbar ist. Ein gewisser persönlicher Spielraum der Abweichung ist immer zuzugestehen. Man faßt das hier Ausgesprochene auch in den Satz zusammen, daß die Lautgesetze ausnahmslos sind, wobei man also unter einem Gesetz eine in gewissen zeitlichen und räumlichen Grenzen auftretende Gleichmäßigkeit versteht.

6) Die zu erwartende Gleichmäßigkeit zeigt sich nur selten in der Wirklichkeit. Gewöhnlich ist sie durch das Dazwischentreten anderer Faktoren gestört. Einen derartigen störenden Faktor stellen die später zu erwähnenden Analogiebildungen dar. So ließ sich z. B. erwarten, daß das *u* in *wir sturben* sich unverändert erhalten werde, da die Aussprache des *u* in der jetzigen Sprache keine Veränderung erlitten hat. Wenn es statt dessen *starben* heißt, so erklärt sich das aus der Verbindung, in welcher der Plural mit dem Singular *starb* steht.

7) Einige der Vorgänge, welche sich bis jetzt besonders schwer unter Gesetze bringen lassen, nämlich die Metathesen die Fernassimilationen (z. B. lat. *quinque* aus **pinque*), die Ferndissimilationen (z. B. ahd. *murmulōn* aus lat. *murmurare*), die sogenannten Haplologieen (z. B. *semestris* aus **semimestris*) erinnern, wie Paul S. 60 bemerkt, an die Vorgänge des Versprechens. Daß ein solcher Fehler häufig auftreten und sich sogar festsetzen konnte, hängt nach

Brugmann's Meinung vielleicht mit einer Veränderung des Tempos zusammen. Er sagt darüber Grundriß S. 70: „Uebrigens spielt gerade bei diesen sprunghaften Veränderungen eine Bedingungsverschiedenheit eine wichtige Rolle, die bei allem Lautwandel zu beachten ist und uns „Ausnahmen" erklären hilft, der Unterschied im Tempo der Rede. Metathesen u. dergl. stellen sich um so leichter ein, je schneller das Tempo ist, und es giebt genug Fälle, wo augenscheinlich größere Sprachgeschwindigkeit unter die speciellen Bedingungen für das Zustandekommen der Neuerung aufzunehmen ist."

Ich glaube aus dem Studium der ausführlichen Darstellung Wundt's schließen zu dürfen, daß auch er diesen Punkten im wesentlichen zustimmen könnte. Im einzelnen finde ich zu 2) noch zu bemerken, daß bei Wundt auch die Einteilung des Lautwandels in regulären und singulären vorkommt, worauf aber kein besonderes Gewicht zu legen ist. Zu 3) und 4) weise ich darauf hin, daß bei dem Lautwandel doch die Absicht eine größere Rolle spielt, als Wundt annimmt. So wird z. B. nicht selten von der älteren Generation eine Abweichung, die die jüngere vollzieht, mißliebig vermerkt oder, wie Kruszewski in Techmer's Zeitschrift 3, 148 sich ausdrückt, als leichtsinnige Geckenhaftigkeit streng gerügt und die alte Aussprache mit Bewußtsein festgehalten. Ein Beispiel entnehme ich einer Arbeit von R. Brandstetter, „Drei Abhandlungen über das Lehnwort", Luzern 1900, wo es S. 9 heißt: „Die Stadt Luzern behält im Gegensatz gegen die sonstige Luzerner Mundart das *ū* und *ī* bei, während jene diphthongisiert, z. B. Stadt-Luzernisch *bū* gegen *bou* „Bau". Durch die fortgesetzte Einwanderung aus den Landgemeinden beginnen sich diese Eigentümlichkeiten der Stadt Luzern zu verschleifen, doch hält man in mehreren älteren Familien bewußt und absichtlich daran fest.“ Ein Beispiel für die jedenfalls nicht unbewußte Annahme von etwas Neuem habe ich in meiner Einleitung [3] S. 126 angeführt (ebenso übrigens schon 1880), wo auf den alten Kempelen verwiesen wird, der in seinem Mechanismus der menschlichen Sprache (1791) sagt: „In Paris schien es mir, als wenn wenigstens der vierte Teil der Einwohner schnarrte, nicht weil sie das rechte *r* nicht aussprechen können, sondern weil man eine Annehmlichkeit darein gesetzt hat und es einmal zur Mode geworden ist.“ Man denkt dabei sofort an die näselnde Aussprache gewisser Gesellschaftsklassen bei uns, auch sei daran erinnert, daß Pantenius in einem seiner Romane mitteilt, die baltische vornehme Jugend hätte plötzlich zu einer bestimmten Zeit eine Neigung zum Lispeln gezeigt, weil ein besonders angesehener Löwe der Gesellschaft lispelte. Ich gebe gern zu, daß bei dem Einzelnen die Nachahmung unbewußt sein kann, namentlich dann, wenn sie ohne Anstrengung durchgeführt werden kann, aber ebenso gewiß ist doch, daß sie oft gegen den Widerspruch und die Neckerei der Umgebung mit vollem Bewußtsein festgehalten wird. Mehreres derartige, was anderen Gesellschaftskreisen angehört, findet sich in Bremer's Phonetik, woraus ich mitteile, was S. 15 bemerkt wird: „Die Ungebildeten sprechen in mehreren Dialekten gern *ü* für ihr *i*, um zu zeigen, daß sie auch fein sind.“ Die Absichtlichkeit dieses Lautwandels — so heißt es dann weiter — zeigt der Umstand, daß dieselben Leute, sobald sie sich gehen lassen, wieder in ihr altgewohntes *i* zurückfallen. Warum sollte sich Aehnliches nicht auch früher zugetragen haben?

Zu 5) lege ich Wert darauf, festzustellen, daß es ausnahmslose Lautgesetze in der That giebt. So ist z. B. ein solches das Gesetz, daß im Griechischen am Ende des Wortes *t* und *d* abfallen, *m* in *n* übergeht. Demnach ist die Aeußerung von Wundt 1, 389 zu berichtigen, wonach es ausnahmslose Lautgesetze nicht geben könne. Es sei übrigens darauf hingewiesen, daß auch Sprachforscher sich in dieser Hinsicht öfter mißverständlich ausgedrückt haben, so z. B. ich Einl. S. 129. Dort ist aber, wie überall in entsprechenden Darlegungen, nur gemeint, daß es keinen Sprachdurchschnitt giebt, der lauter ausnahmslose Gesetze zeigt, sondern daß ein solcher stets neben einzelnen ausnahmslosen eine Menge von gestörten Reihen darbietet [1]).

Nach diesen Erörterungen allgemeiner Art komme ich zu einigen Fragen mehr specieller Natur, nämlich der germanischen Lautverschiebung und dem Verner'schen Gesetz, den Assimilationen und Dissimilationen und endlich den sogenannten Analogiebildungen.

1. Die germanische Lautverschiebung und das Verner'sche Gesetz [2]).

Was zunächst die germanische Lautverschiebung betrifft, so möchte Wundt die hieher gehörigen Lautveränderungen aus der im Laufe der Zeit zunehmenden Beschleunigung der Rede ableiten, die ihrerseits wieder auf Kultureinflüsse zurückgehe. Ich kann ihm hierin nicht beistimmen. Um meinen Widerspruch zu begründen, knüpfe ich an dasjenige an, was Wundt über *b*, *d*, *g* sagt,

---

1) Unter dem „einzelnen Fall" verstehe ich a. a. O. den einzelnen Sprachdurchschnitt.

2) Hinsichtlich der thatsächlichen Verhältnisse seien die nicht fachmäßig unterrichteten Leser auf die musterhaft klare Auseinandersetzung im ersten Bande von Wilmanns' deutscher Grammatik und auf meine Einleitung S. 122 ff. verwiesen, wo ich das Verner'sche Gesetz und seine Wichtigkeit für die Sprachforschung gemeinverständlich dargestellt habe.

die in der sogenannten ersten Lautverschiebung zu *p*, *t*, *k* geworden sind (z. B. got. *tiuhan* gegen lat. *duco*). Darüber äußert sich Wundt S. 241 so: „Wir sprechen statt *ab*, *ad*, *ag* bei rascher Artikulation *ap*, *at*, *ak*, statt *sba*, *sda*, *sga* unwillkürlich *spa*, *sta*, *ska*. Dabei wirkt mit, daß sich, je schneller man artikuliert, um so mehr schon vor der Hervorbringung des Explosivlautes der Bewegungsmechanismus auf ihn vorbereitet, so daß er im Moment seines Eintrittes mit großer Energie hervorgestoßen wird, wogegen im raschen Flusse der Rede zur Erzeugung einer tönenden Media die Zeit fehlt." Ich lasse mich auf eine Beurteilung dieser Auffassung nicht ein, sondern bitte nur, den letzten Satz im Sinne zu behalten und sich dann dem Schicksal des indogermanischen *bh*, *dh*, *gh* zuzuwenden. In Bezug auf diese heißt es, bei der germanischen Aussprache werde die Vorbereitung zur Aspiration unterlassen und die Aspirata weiche der einfachen Media (vergl. ai. *bhárati* „er trägt", got. *bairan* „tragen"; ai. *gárbhas* „Leibesfrucht", got. *kalbō* „weibliches Kalb"). In der That sieht es ja auf dem Papier so aus, als wäre *bairan* durch Fallenlassen des *h* aus **bhairan* entstanden. Aber die Thatsachen zwingen, wie alle Sachverständigen urteilen, zu einer anderen Auffassung: aus den Aspiraten sind zunächst tönende Spiranten geworden, also aus *bh*, *dh*, *gh* die Laute, welche wir durch *ƀ*, *đ*, *ǥ* zu bezeichnen pflegen. Vielleicht hat zwischen der Aspirata und Spirans noch die Zwischenstufe der tönenden Affrikata gelegen, also *bƀ*, *dđ*, *gǥ*. Aus der Spirans ist dann weiter die Media geworden, und zwar im Anlaut vielleicht schon im Urgermanischen, jedenfalls aber im Gotischen, so daß dort *bairan* die Media enthielt, während das, was wir im Inlaut als *b* und *d* schreiben, noch spirantisch gesprochen wurde. Im Deutschen endlich ist die

Spirans in weiterem Umfang durch die Media verdrängt worden (vergl. Brugmann, Grundriß 1, 708 ff.). Demnach würde sich im Germanischen unter der Herrschaft schnellerer Sprechweise aus der Spirans die tönende Media entwickeln, obgleich doch nach Wundt „im raschen Fluß der Rede zur Erzeugung einer tönenden Media die Zeit fehlt". Vollends versagt die Erklärung aus der Beschleunigung des Tempos bei den Tenues, bei denen bekanntlich Uebergang in die Spirans vorliegt, z. B. got. *faihu* „Vieh" gegen ai. *páçu*. Wundt selbst sagt darüber: „Der harte Explosivlaut ist, solange nur überhaupt deutlich artikuliert wird, immer derjenige, der sich am leichtesten einer möglichst raschen Artikulation anpaßt." Wenn daher *p*, *t*, *k* nicht bleiben, sondern in *f*, *þ* (d. i. hartes englisches *th*), *ch* übergehen, so kann das nicht in der größeren Schnelligkeit, sondern muß in anderen Verhältnissen seine Ursache haben. Eine positive Ansicht habe ich meinerseits nicht aufzustellen.

Was S. 423 über das Verner'sche Gesetz gesagt wird, leidet an einer irrtümlichen Auffassung der thatsächlichen Verhältnisse. Es ist nämlich nicht so, wie Wundt meint, daß in dem althochdeutschen *zeigōn* das *g* unmittelbar aus dem alten *k* entstanden ist, während dieses *k* in *zīhan* unter dem Einfluß des Wurzelaccentes regelrecht zu *h* verschoben ist; vielmehr hat auch das *g* von *zeigōn* seinen Weg über ein *h* genommen. Das läßt sich bequem an den Wörtern *Bruder* und *Vater* verdeutlichen. *Bruder* lautet im got. *brōþar* und hatte aus der Urzeit den Accent auf der ersten Silbe in das Urgermanische mitgebracht, *Vater* heißt *fadar* und hatte einst Suffixbetonung. Das *d* des gotischen Wortes ist nun nicht eine tönende Media, sondern eine Spirans, wie das altnordische *faðer* beweist und got. *faðar* geht auf *faþar* zurück. Es standen also im Urgermanischen *bróþar* und *faþár* nebeneinander, dann aber ist, und zwar noch in einer späteren Periode des Urgermanischen, *faþár* zu *faðár* geworden. Die Verwandlung der tonlosen Spirans in die tönende hängt also sicher mit dem Accent zusammen, aber nicht mit einer Veränderung der Tonstelle, sondern der Tonbeschaffenheit, und zwar wahrscheinlich mit der Verwandlung eines überwiegend musikalischen in einen überwiegend exspiratorischen Accent. Erst an dieser durch die Ermittelungen der Sachverständigen genau bestimmten Stelle hätte eine psychophysische Erklärung einzusetzen, die zu geben ich mich nicht berufen fühle.

2. Assimilation und Dissimilation.

Unter der Ueberschrift „Associative Kontaktwirkungen der Laute" handelt Wundt S. 424 ff. über das, was die Sprachforscher Assimilation oder Dissimilation oder genauer Berührungsassimilation und Berührungsdissimilation nennen, z. B. althochdeutsch *mammunti* „mild", altsächsisch in älterer Lautgestalt *madmundi*, bei Notker noch mit halber Assimilation *manmende*; althochdeutsch *stimma* oder *stimna* gegenüber got. *stibna* (vergl. Braune, Ahd. Gr. 75); einen sicheren Beleg für eine Dissimilation weiß ich aus dem Deutschen nicht beizubringen. Außerdem rechnet Wundt hierher, was Brugmann Fernassimilation und Ferndissimilation nennt, z. B. ai. *çváçuras* „Schwiegervater" aus **sváçuras*; *Turteltaube* aus lat. *turtur*. Auch einige andere Erscheinungen des kombinatorischen Lautwandels werden erwähnt, aber ohne näheres Eingehen. Zur Erklärung der Assimilationen hatte Steinthal bemerkt, daß die regressiven, z. B. *mammunti* aus *madmunti*, aus der psychischen Vorausnahme des Kommenden herzuleiten seien, während bei den progressiven, z. B. *stimma* aus *stimna*, nur ein physisches Fortrücken der angefangenen Bewegung stattfinde. Gegen diese Teilung erklärt sich Wundt mit Recht. Es handelt sich nach ihm beide Male um psychophysische Vorgänge, und der physische Anteil wird im allgemeinen stärker sein, wenn es sich um Berührungsvorgänge, als wenn es sich um Wirkungen handelt, die über andere Laute hinweggehen. Diese Auffassung wird, wie schon angedeutet, im allgemeinen richtig sein, sie kann aber bei der Erklärung des Einzelnen erst dann herbeigezogen werden, wenn die Sprachforschung weiter gekommen sein wird, als sie jetzt ist. Gerade diese Fragen sind äußerst heikel, wie denn z. B. Brugmann, Grundriß S. 795 sagt, er habe das Kapitel der Berührungsdissimilationen übergangen, weil es von Schwierigkeiten der verschiedensten Art umlagert sei, und es ihm nicht habe gelingen wollen, eine kurze, übersichtliche Darstellung zustande zu bringen. Unter diesen Umständen beschränke ich mich auf eine Bemerkung. Es fällt auf, wie stark die progressiven Assimilationen im Deutschen vertreten sind (vergl. Wilmanns 1, 163 ff.). Dadurch kommt die Vermutung von Wundt (S. 438) ins Schwanken, als hinge gerade das Vorwalten regressiver Assimilationen mit der Neigung zur Beschleunigung des Redeflusses zusammen.

Auch über Fernassimilationen und Ferndissimilationen wissen wir noch kaum etwas zu sagen. Nur um zu zeigen, wie schwierig die Beurteilung ist, führe ich einiges an, was sich an neuhochdeutschen Lehnwörtern beobachten läßt, die in zwei aufeinander folgenden Silben ein *r* haben. Wenn man bedenkt, daß *murmeln* aus *murmurare*, *Marmel-stein* aus *marmor*, *Moersel* (so bei Goethe) aus *mortarium* entstanden ist, so möchte man zu der Ansicht kommen, daß das *r* in der Wurzelsilbe bleibt, in der Endung aber zu *l* wird. Dagegen spricht *Maulbeer(baum)*, worin das lateinische *morum* und das deutsche *Beere* stecken. Vielleicht läßt sich aber die besondere Gestaltung dieses Wortes dadurch erklären, daß die associative Verbindung mit *Beere* erhaltend auf das zweite *r* wirkte, wodurch dann das erste *r* zum Weichen gebracht wurde; vielleicht wirkte auch noch ein Anklang an das deutsche Maul mit[1]. Aehnlich steht es mit *Balbier*, wo die Endung *ier*, die auch sonst belegt ist, der Verwandlung des *r* Widerstand leistete. Einige von diesen Wörtern sind aber noch insofern in einer besonderen Lage, als sie nach der Entlehnung noch eine Einwirkung des Originalwortes erfuhren, wodurch die Dissimilation wieder aufgehoben wurde, so daß z. B. wieder *Mörser*, *Barbier* entstanden. So sagen wir jetzt *Marter*, aber mittelhochdeutsch *martel* und *marter* aus lateinisch *martyrium* und manches andere der Art. Eine psychologische Erklärung dieser Vorgänge wird nur in inniger Verbindung mit der Specialforschung möglich sein.

3. Analogiebildungen.

Unter der Ueberschrift „Associative Fernwirkungen der Laute" handelt Wundt von S. 444 an über das, was die Sprachforscher Analogiebildungen nennen, d. h. Bildungen, deren Lautbeschaffenheit wir uns nur unter der Voraussetzung erklären können, daß sie der Einwirkung anderer mit ihnen associierter Wörter ausgesetzt gewesen sind. Ich behandle aus dem reichen Stoffe zweierlei, nämlich die Einteilung der Analogiebildungen und ihre psychologische Erklärung.

---

1) Wieder ein besonderer Fall liegt in *Lorbeer* vor, wo das beginnende *l* das erste *r* vor der Verwandlung geschützt zu haben scheint.

Die Sprachforscher haben sich im allgemeinen der Paul'schen Einteilung in stoffliche und formale Bildungen angeschlossen. Eine stoffliche Analogiebildung liegt vor, wenn die Ausgleichung innerhalb eines Paradigmas stattfindet, z. B. bei *sturben*, das auf Veranlassung von *starb* zu *starben* geworden ist, oder innerhalb etymologischer Gruppen, wie wenn z. B. die mittelhochdeutschen Substantiva *schōnheit*, *kuonheit* durch den Einfluß von *schön* und *kühn* jetzt in *Schönheit* und *Kühnheit* umgewandelt sind (vergl. Paul, Wb. unter *Bosheit*, das wegen seiner enger gewordenen Bedeutung von einer entsprechenden Einwirkung durch *böse* verschont geblieben ist); oder wenn ein Wort auf ein etymologisch nicht verwandtes bloß infolge der zwischen beiden bestehenden begrifflichen Beziehung oder der häufigen Verbindung gewirkt hat, wie z. B. *trügen* durch den Einfluß von *lügen* aus *triegen* entstanden ist. Formal nennen wir die Angleichung, wenn eine grammatische Formkategorie, z. B. ein Kasus oder ein Wortbildungssuffix, auf die gleiche Form eines anderen Wortes wirkt, wie es z. B. in *Nachts* geschehen ist, das sein *s* der Einwirkung von *Tages* verdankt, oder in dem englischen *egotism*, Egoismus", das sein als ableitend empfundenes *t* durch den Einfluß von *despotism* und ähnlichen Wörtern erhalten hat.

Etwas abweichend ist die Wundt'sche Einteilung. Er sondert nämlich aus Paul's „stofflichen" Bildungen diejenigen Fälle als etwas Besonderes aus, wo zwei Wörter, ohne dem gleichen grammatischen System anzugehören, lediglich durch ihre Bedeutung aufeinander wirken (z. B. *lügen* und *trügen*). Diese Art nennt er begriffliche Angleichung. Alles übrige faßt er unter dem Namen grammatische Angleichung zusammen. Jede der beiden

Hauptgruppen zerfällt dann wieder in zwei Untergruppen. Bei der ersten Gruppe kommt es darauf an, ob die Begriffe verwandt oder entgegengesetzt sind, bei der grammatischen Gruppe dagegen unterscheidet er innere Angleichungen (Paul's stoffliche) von äußeren (Paul's formalen). In diesem Schema scheint mir die Unterscheidung nach Verwandtschaft oder Gegensatz der Begriffe unpraktisch, weil man oft in der Entscheidung schwanken wird, z. B. bei *Tag* und *Nacht*. Ich würde also raten, diese Einteilung aufzugeben [1]). Dagegen könnten sich die handlichen Ausdrücke „grammatisch" und „begrifflich" wohl einbürgern. Ich möchte aber nicht zuversichtlich darüber urteilen, weil sich die Brauchbarkeit einer Einteilung immer erst dann ergiebt, wenn man den Versuch macht, den empirischen Stoff, der innerhalb einer bestimmten Sprachperiode vorliegt, vollständig aufzuarbeiten. Dieser Versuch ist aber bei den Analogiebildungen noch nicht gemacht worden.

Was die psychologische Auffassung betrifft, so erklärt Wundt den bei der Erzeugung einer Analogiebildung sich abspielenden Vorgang für eine Assimilation, worunter er, wie man sich aus S. 26 erinnert, eine simultane Association versteht, bei welcher die Elemente der beteiligten Gebilde miteinander verschmelzen. Gerade dieses letztere ist von Wichtigkeit. Man soll nicht annehmen, daß irgend ein Wort als ganzes wirkt, sondern in irgend einem seiner einzelnen Lautbestandteile, während die anderen Elemente wirkungslos bleiben (1, 460). Den wirkenden Laut nennt Wundt, wie es auch bei den Berührungsassimilationen ge-

1) Das ist auch die Meinung von Thumb-Marbe, Experimentelle Untersuchungen über die psychologischen Grundlagen der sprachlichen Analogiewirkungen, Leipzig 1901.

schieht, den inducierenden, den von der Wirkung betroffenen und durch sie veränderten den inducierten. Ich habe mir das bisher nicht so vorgestellt, wie aus meiner Ausführung, Einleitung [3] 122 ff. erhellt. Ich habe dort gemeint, wenn ein griechisches *πεποίθαμεν* aus dem vorauszusetzenden **πέπιθμεν* durch den Einfluß von *πέποιθα*, *πέποιθας*, *πέποιθε* entstand, so sei nicht etwa das *οι* aus *ι* entstanden, und hinter *θ* ein *α* eingeschoben, sondern die alte Form **πέπιθμεν* sei durch eine neue Form *πεποίθαμεν* ersetzt worden, und so sei eine Analogiebildung überhaupt eine Formersetzung. Jetzt bin ich aber überzeugt worden, daß diese meine Ansicht einer Abänderung in der von Wundt bezeichneten Richtung bedarf. Es scheint mir jetzt, daß es in der That Fälle giebt, welche in der von Wundt angegebenen Weise zu erklären sind, z. B. *starb* — *sturben* — *starben*, wo also *a* der inducierende Laut ist und *u* der inducierte. Aber diese Erklärung ist nicht überall anwendbar. Denn es fehlt auch nicht an Fällen, wo entweder ein inducierender oder ein inducierter Laut nicht vorhanden ist und doch eine Veränderung stattfindet. Ein Beispiel für den ersteren Unterfall liefert unser *Mittwoch*, das durch die Einwirkung der übrigen Wochentage aus *mittewoche* (ursprünglich zwei Wörter) hervorgegangen ist, und zwar so, daß es zunächst Maskulinum wurde und dabei die schwache Flexion von *woche* beibehielt, dann aber noch zur starken Deklination überging. Hier kann es doch nicht so zugegangen sein, daß der Laut Null in *Montag* u. s. w. inducierend auf das Schluß-e in *mittewoche* wirkte, sondern so, daß eine schattenhafte Vorstellung von dem lautlichflexivischen Gesamthabitus anderer Wochentage umgestaltend einwirkte. Der zweite Unterfall erscheint z. B. bei dem Plural des Neutrums *Kind*, der im Alt- und Mittelhochdeutschen dem Singular gleich ist, aber in der letzteren Periode auch schon *Kinder* lautet, das in Anlehnung an *Lämmer*, *Eier*, *Hühner* u. a. gebildet ist. Eine weitere Gruppe bilden diejenigen Fälle, in welchen es, wie mir scheint, natürlich ist anzunehmen, daß durch Analogiewirkung Formen mit einem Schlage neu entstehen und durch ihre Existenz die früheren allmählich verdrängen. Belege dafür findet man z. B. im Neugriechischen, wo, wie Hatzidakis Einleitung in die neugriechische Grammatik S. 391 gezeigt hat, die Praesensbildung sehr stark durch die Aoriste beeinflußt worden ist, was sich im allgemeinen daraus erklärt, daß in dieser Sprache von den alten Tempora nur Praesens und Aorist übrig geblieben sind, so daß für den Sprechenden das ganze Verbum in zwei Hälften zerfällt, die infolge des stark gefühlten Bedeutungsunterschiedes fortwährend aufeinander bezogen werden. So hatte man z. B. die Empfindung, daß zu Aoristen auf *-ωσα* wie *ἐφανέρωσα* Präsentia auf *-ωνω* wie *φανερώνω* gehören, und so entstand zu dem Aorist *ἔδωσα* (der seinerseits aus *ἔδωκα* umgebildet ist) die neue Praesensform *δώνω*, welche das alte *δίδωμι* verdrängte. Ebenso entstand neben *ἐψήφισα* ein Praesens *ψηφῶ* (für das alte *ψηφίζω*), weil man neben *ἐλάλησα* (sprich *-isa*) ein *λαλῶ* zu sprechen und zu hören gewohnt war. Demnach wird anzunehmen sein, daß nicht bloß einzelne Laute eines Wortes, sondern auch ganze Wörter inducierend wirken können, so daß es nicht wohl angeht, sämtliche Analogiewirkungen bei der Ueberschrift „Fernwirkungen der Laute“ unterzubringen.

Alle diese Vorgänge vollziehen sich nach Wundt 1, 457 völlig ohne Willkür und Absicht, gerade so wie das Versprechen bei dem Einzelnen. In der That ist die Analogiewirkung auch schon von anderen als ein Vorgang des Versprechens bezeichnet worden, so von Wheeler in seiner auch von Wundt benutzten Schrift S. 8, wo die mir nicht bekannte amerikanische Parteibenennung *Prohiblican* als eine Mischung aus *Republican* und *Prohibitionist* bezeichnet wird, wozu Wheeler bemerkt: „die zwei gleich guten Ausdrücke für dasselbe Ding kommen gleichzeitig ins Bewußtsein, und infolge der Unschlüssigkeit (*in the hesitating of choice*) liefert jede einen Teil der neu entstehenden Bildung.“ Ich habe nicht die Absicht, dieser Auffassung entgegenzutreten, möchte aber glauben, daß sie nicht die einzige ist. Es dürfte doch auch, wie ich schon Einleit.[1] 107 gesagt habe, Fälle geben [1]), in welchen der Sprechende nach einem besseren Ausdruck sucht und als Erfolg dieses Suchens eine Formübertragung hervorspringt. Ich wähle als Beispiel unser Wort *Schwiegermutter*. Wir hatten früher die Wortgruppe *Schwäher*, *Schwieger, Eidam, Schnur*, *Schwager*. Von diesen Wörtern erregte *Schwieger* ein Unlustgefühl, weil es naturgemäß die Association mit den zahllosen Maskulina auf *er* suchte, von diesen aber abgewiesen wurde. Durch dieses Unlustgefühl getrieben, vielleicht aber auch, weil das Wort gelegentlich im Gespräch mißverstanden war, verfiel jemand auf die Bildung *Schwiegermutter*. Der glückliche Fund wirkte weiter, der *Schwäher*, der dem *Schwager* zu nahe stand, wurde als Vater bezeichnet, und zwar mit Anlehnung an *Schwiegermutter* als *Schwiegervater*. Zu einem *Schwiegerbruder* aber kam es nicht, weil *Schwager*, nachdem es von der Nachbarschaft des *Schwäher* befreit war, nun hinreichend deutlich war. Dieses Wort hatte dabei in anderer Hinsicht einen Vorteil, es deutete nämlich durch seinen Lautbestand auf Zugehörigkeit zu *Schwiegervater* und

---

1) Das von mir am angeführten Orte beigebrachte Beispiel war falsch. Es ist richtig erklärt von Brugmann 2, 712.

Schwiegermutter hin, was bei *Eidam* und *Schnur* nicht der Fall war, weshalb auch diese durch neue Wörter ersetzt wurden.

Sollten sich wirklich diese und ähnliche Vorgänge ganz ohne Mitwirkung bewußter Absicht vollzogen haben?

Fünftes Kapitel.

Wurzeln. Zusammensetzung.

Auf die Lehre von den Lauten folgt die Lehre von der Wortbildung. Ich hebe, als für die Sprachforschung besonders wichtig, die Abschnitte über die Wurzeln und über die Zusammensetzung hervor.

a) Die Wurzeln.

Die Ansichten der Sprachforscher über die Wurzeln sind, wie Wundt mit Recht bemerkt, in neuerer Zeit etwas ins Schwanken gekommen. Während man sich lange Zeit bei der Anschauung beruhigt hat, daß die Wurzeln die Wörter der Urzeit seien, stehen jetzt manche Gelehrte dem ganzen Gedanken des Ausziehens von Wurzeln ablehnend gegenüber. Auch Wundt gehört zu diesen. Er meint sogar, man könne die Behauptung einer thatsächlichen Existenz der indogermanischen Wurzeln ruhig mit der Annahme eines goldenen Zeitalters, einer vollkommenen Urreligion und mit anderen ähnlichen Vorstellungen in das Grab vorwissenschaftlicher Mythenbildungen versenken (S. 559). Ich glaube die verwickelte Sache am besten deutlich machen zu können, wenn ich, statt der Wundt'schen

Darstellung Schritt für Schritt zu folgen, vielmehr meine eigene Ansicht kurz entwickele und dabei, wo es die Gelegenheit an die Hand giebt, auf die Gegengründe Wundt's oder anderer Gelehrter eingehe. Es wird erlaubt sein, an meine ausführliche Darstellung aus dem Jahre 1880 (Einleitung S. 73 ff.) anzuknüpfen, welche jetzt in einigen Punkten weiter geführt werden muß. Man wolle aus dieser Erzählung entnehmen, daß Franz Bopp bei seinem Auftreten die schließlich auf die hebräische Grammatik zurückgehende Lehre von den Wurzeln der Wörter bereits vorfand. So hatte ein deutscher Grammatiker 1776 gesagt, daß man einem Worte nur die Präfixe und Suffixe zu nehmen brauche, um auf die einsilbige Wurzel zu stoßen (S. 9 Anm.), und schon Adelung hatte gemeint, daß die Wurzel deshalb einsilbig sei, weil der noch rohe Naturmensch seine ganze Vorstellung mit e i n e r Oeffnung des Mundes hervordrängte (S. 79). In dieser Vorstellung mußte Bopp noch durch die indischen Wurzelverzeichnisse bestärkt werden, in denen die gesamte Sprache auf einsilbige Wurzeln zurückgeführt wird [1]). So wurde die Annahme einsilbiger Wurzeln ein wesentlicher Teil jener Lehre über die Entstehung der Flexion, welche sich bei Bopp, wie wir jetzt wissen, unter dem maßgebenden Einflusse von Wilhelm von Humboldt ausbildete und welche darin besteht, daß die Flexionsformen des Indogermanischen aus der Zusammensetzung von Stoff- und Formwurzeln erklärt werden, so daß z. B. in dem Suffix *-mi* der ersten Person des Verbums das Pronomen der ersten Person, in dem *s* des Nominativs ein Demonstrativstamm gefunden wird. Dazu

1) Wie diese alten Gelehrten sich dabei geberdeten, kann auch der des Sanskrit Unkundige aus R. Roth's Ausgabe von *Yāska's Nirukta* (Göttingen 1852), Erläuterungen S. 4 und 9 ersehen.

fügten Bopp's Nachfolger die von seinem Standpunkte aus unvermeidliche Folgerung, daß die Wurzeln, wenn wirklich die Wörter der Flexionssprache durch Zusammensetzung entstanden sind, vor diesen vorhanden gewesen sein müssen, daß also die Wurzeln die Wörter der Urzeit seien. „Die Wurzeln — so habe ich mich a. a. O. S. 74 ausgedrückt — sind darum in den Wörtern enthalten, weil sie vor ihnen da waren und in ihnen aufgegangen sind. Sie sind die Wörter der vorflexivischen Periode, welche mit der Ausbildung der Flexion verschwinden, und daher erscheint denn dasjenige, was einst ein reales Wort war, vom Standpunkt der ausgebildeten Flexionssprache aus nur als ein ideales Bedeutungscentrum.“ Gegen diesen Standpunkt lassen sich nun eine Reihe von Einwendungen erheben, von denen ich zuerst diejenigen bespreche, welche die Bopp'sche Lehrmeinung auf ihrem eigenen Boden bekämpfen. Dahin gehören zunächst zwei Bedenken von Wundt. Das erste ist S. 554 ausgesprochen und geht dahin, daß es doch auch Wurzeln gebe, welche nur in den Einzelsprachen vorlägen, so daß man dahin gedrängt werde, auch nach der Periode der Einheit Wurzelschöpfung anzunehmen, was aber nicht angehe, da die Einzelsprachen eben nur Wörter kennen. Dagegen wäre zu erwidern, daß aus Wörtern, die nur in einer Einzelsprache vorkommen, nicht auf Wurzeln der Einzelsprache zu schließen ist, sondern auf Wurzeln der Urzeit, deren Nachkommen aber in den übrigen Sprachen verloren gegangen sind. Ein zweites Bedenken (S. 555) bewegt sich auf dem Gebiete der Bedeutungen und hebt hervor, daß es sonderbar ist, die Bezeichnungen für ganz einzelne und konkrete Dinge aus ganz allgemeinen und abstrakten Bedeutungen und zwar aus Verbalbedeutungen herzuleiten. Damit ist in der That eine schwache Seite der heutigen Etymologie getroffen, welche sich geschichtlich aus dem Anschluß an unsere indischen Vorgänger erklärt (vergl. S. 37), eine Schwäche übrigens, welche auch den Sprachforschern nicht ganz entgangen ist und unter anderem die spöttische Frage von Georg Curtius hervorgerufen hat, ob man etwa *asinus* „Esel" aus einer Wurzel *as* „Esel sein" ableiten wolle. Aber diese Schwäche läßt sich heilen. Wir brauchen nur anzunehmen, daß unter den Wurzeln ebenso gut Dingwörter wie Handlungswörter gewesen sind, und können dabei auf dem Standpunkte der Agglutinationstheorie verbleiben. Schwerer wiegt ein anderer Zweifel. Reichen unsere Mittel auch wirklich aus, im einzelnen Falle eine Wurzel richtig aufzustellen? Liegt nicht die Gefahr vor, etwas für eine Urwurzel zu halten, was vielleicht ein Ergebnis mannigfacher Umformung ist, so daß wir in die Lage jemandes kommen können, der aus den französischen Wörtern *rouler, roulement, roulage, roulier, rouleau, roulis* eine Wurzel *roul* auszöge, während doch allen diesen Wörtern nicht eine Wurzel, sondern das fertige lateinische Wort *rotula* zu Grunde liegt? (Bréal bei Sayce 2, 7.) Die Berechtigung dieses Zweifels ist zuzugeben, doch wird damit das Recht, Wurzeln anzunehmen, im Princip nicht bestritten. Das wäre die erste Gruppe von Einwendungen. Eine zweite geht den Bopp'schen Erklärungen selbst unmittelbarer zu Leibe. Die immer sicherer vorschreitende Forschung zeigte, daß einige Bopp'sche Erklärungen lautlich nicht zu halten seien. So sah man sich genötigt, die Herleitung des lateinischen Passivums aus einer Zusammensetzung mit dem Reflexivpronomen endgültig aufzugeben, so gerieten einige Erklärungen der Personalendungen des Verbums ins Schwanken, und es fehlte nicht an Gelehrten, welche überhaupt die Herleitung der Personalendungen aus Pronominibus verwarfen (so Sayce, vergl. Academy 1882, No. 541, S. 208; Techmer's Zeitschrift 1, 222). Auch blieb es nicht bei der Verneinung, sondern es erschien neben der alten Agglutinationstheorie eine neue, welche den Grundgedanken der Darwin'schen Weltanschauung in sich aufgenommen hat, die Adaptationstheorie von A. Ludwig. Es ist unmöglich, an dieser Stelle die ganze Fülle der Einzelerwägungen vorzuführen, die hierbei angestellt worden sind und angestellt werden müssen; ich muß mich vielmehr begnügen, einerseits auf meine bisher angeführte Darstellung, andererseits auf die neuere Ausführung von Brugmann, Grundriß 1², 32 zu verweisen, der ich durchaus beistimme. Brugmann, der als Verfasser eines Grundrisses der indogermanischen Grammatik die sämtlichen Theorieen, die auf dem weiten Gebiet aufgestellt worden sind, im Zusammenhange zu erwägen hatte, faßt seine schließliche Ansicht dahin zusammen, daß „Wortableitung und Flexion durch das Zusammenwachsen selbständiger Elemente geschaffen worden sind", fügt aber, da uns die wichtige Rolle der Analogie im Laufe der Zeit immer mehr zum Bewußtsein gekommen ist, sofort hinzu, daß die allermeisten Wortformen nicht unmittelbar auf diesem Prozeß beruhen, sondern Analogiebildungen nach den ersten Mustern sind, „in derselben Art, wie z. B. die meisten der neuhochdeutschen Nomina auf *-heit*, *-lich*, *-bar* nur als Nachahmungen älterer fertiger Musterformen aufgefaßt werden können". Es ist also, wie oben nur das Princip der Wurzeln, so auch hier nur das Princip der Zusammensetzung aus dem Kampf der Meinungen gerettet worden, wozu ich noch bemerken will, daß man sich vor der Annahme hüten muß, als sei die Zusammensetzung nur eine notwendige Folge aus der Annahme von Wurzeln; denn die Zusammensetzungstheorie gewinnt ja aus den Erfahrungen, die wir an historisch zugänglichen Sprachen machen, eine unabhängige Wahrscheinlichkeit für sich. In dritter Reihe endlich stehen gewisse allgemeine Erwägungen, welche mit der Bopp'schen Theorie in Gegensatz zu stehen scheinen. Dahin gehören zunächst die Erfahrungen, die wir mit dem Chinesischen gemacht haben. Als man noch glaubte, daß dieses eine Wurzelsprache von urältestem Gefüge sei, konnte man es als Analogon zu der vorausgesetzten indogermanischen Wurzelsprache betrachten. Jetzt aber glaubt man sich zu der Annahme berechtigt, daß das Chinesische vielmehr eine Flexionssprache sei, die sich von dem Englischen dadurch unterscheidet, daß es ihm auf dem Wege zur Flexionslosigkeit schon weit voraus ist. Ist damit jener indogermanischen Wurzelsprache nicht eine wichtige Stütze entzogen? Ich glaube nicht. Das Chinesische, wie wir es auch auffassen mögen, liefert uns immerhin einen Beweis, daß ein Volk sich ohne Flexion verständigen kann. Ganz so wie das heutige Chinesisch hat man sich doch aber jene Urperiode unserer Sprachen nie vorstellen dürfen. Eine so fein und fest ausgebildete Wortstellung wird man ihr gewiß nicht zutrauen dürfen, vielmehr annehmen müssen, daß man damals die Lautsprache in sehr erheblichem Maße durch die Geberdensprache unterstützte, wodurch denn überhaupt erst die Verständlichkeit ermöglicht wurde. Sodann gehört hierher die Erwägung, ob die Annahme von Wortwurzeln oder Wurzelwörtern mit dem Princip vereinbar ist, daß im Anfang nicht das Wort, sondern der Satz war. Diesem Princip, welches in der neueren Sprachforschung besonders von A. Sayce betont worden ist (vergl. Fick,

Göttinger Gel. Anz. 1881, Stück 14), wenn auch nicht mit klarer Durchführung der Folgerungen (vergl. The Nation 1880, April 29), entnimmt Wundt seinen Haupteinwand gegen eine ursprüngliche Wurzelperiode, indem er sagt: „Ist das Wort früher als der Satz . . ., so wird der Annahme kaum zu entgehen sein, daß „Wurzeln". irgend welcher Art . . . die Urwörter gewesen seien. Ist dagegen der Satz früher als das Wort, ist demnach dieses erst aus der Zerlegung des Satzes in seine Bestandteile hervorgegangen, dann sind unter allen Umständen die Elemente des Wortes keine ursprünglich isolierten Gebilde" (S. 657). Soviel ich sehe, wird man aber durch diese Erwägungen nicht gezwungen, die Wurzelperiode überhaupt aufzugeben, sondern nur veranlaßt, ihr eine andere Stellung in der Entwickelungsreihe anzuweisen. Wenn die ältesten menschlichen Aeußerungen, oder doch viele von ihnen, etwa so aussahen, wie Jespersen sie sich vorstellt (vergl. oben S. 87), so waren sie lautliche Continua, welchen eine Gesamtvorstellung entsprach. Wenn nun die Gesamtvorstellung sich in Einzelvorstellungen und das Lautcontinuum sich in kleinere Lauteinheiten zerlegte, so waren diese Lauteinheiten doch gewiß nicht Wörter mit Suffixen, sondern Wörter ohne solche, d. h. sie waren Wurzeln, und erst in der dritten Periode entwickelten sich durch Zusammensetzung die Wortableitungen und Flexionsformen.

Noch allem dem darf ich behaupten, daß wir ein Recht haben, anzunehmen, daß die Wurzeln in einer vor der Flexion liegenden Zeit reale Existenz hatten, aber wir müssen zugleich zugestehen, daß wir einzelne Wurzeln nicht mit Sicherheit aufstellen können.

Es liegt unter diesen Umständen nahe, zu fragen, was wir denn eigentlich noch an dieser so viel umstrittenen

Position haben, ob es nicht besser ist, sich auf die Flexionssprache als das Wißbare zurückzuziehen und demnach auch von der Aufstellung von Wurzeln in unseren Lehrbüchern abzusehen. Die Antwort auf diese Frage liegt nahe genug. Es wäre gewiß verständig, sich dabei zu beruhigen, daß an den Sprachformen Bedeutungslaut und Beziehungslaut unterschieden werden müssen, z. B. in *Mensch-en*, und dabei niemals zu fragen, wie die beiden denn eigentlich zusammengekommen sind, aber dieser Standpunkt wird sich nicht durchführen lassen, denn es liegt uns nun einmal im Blute, nach dem Ursprung der Dinge zu forschen. Was aber die Wurzeln betrifft, die wir aufstellen, z. B. *bher* „tragen", *es* „sein", *ei* „gehen" u. a., so sind sie völlig unschädlich, denn sie stellen nichts weiter dar als unsere Ansicht darüber, welchen Teil der fertigen Wörter der indogermanischen Ursprache die Sprechenden als Bedeutungscentrum empfunden haben werden. Sie sind aber auch nützlich, denn sie deuten in formelhafter Kürze gewisse Meinungen an, die wir ohne sie umständlicher ausdrücken müßten. Wenn wir z. B. *bher*, nicht *bhere* als Wurzel ansetzen, so sagen wir damit aus, daß wir das zweite *a* von altindisch *bhárati* nicht als Wurzelbestandteil, sondern als Bestandteil des Praesensstammes betrachten, was mindestens für die Anordnung des Stoffes von Erheblichkeit ist. Wir werden also dieser Gewohnheit vermutlich treu bleiben.

b) Die Zusammensetzung.

Unter den mannigfachen Gesichtspunkten, welche in der Sprachwissenschaft bei der Behandlung der Komposita hervorgetreten sind, kommen an dieser Stelle wesentlich drei in Betracht, nämlich die Form des ersten

Bestandteils des Kompositums, das logische Verhältnis der Glieder zu einander und der syntaktische Wert des Kompositums. Ich spreche über diese Punkte hintereinander und füge jedesmal hinzu, wie Wundt sich zu ihnen stellt. Die Form des ersten Gliedes hat, soweit das erste Glied in den Kreis der flektierbaren Wörter gehört, zu der Einteilung in echte und unechte Komposita Veranlassung gegeben. Bei dem echten Kompositum steht das erste Glied in der Stammform, z. B. *δημογέρων* „der Volksälteste", bei dem unechten in einer Flexionsform, z. B. *Διόςκουροι*. Der erste Typus ist, soweit ich weiß, zuerst von Georg Curtius in das richtige historische Licht gestellt worden. Man kann ihn nur verstehen, wenn man annimmt, daß die urältesten Exemplare in einer Zeit entstanden, in welcher die Flexion noch nicht vorhanden war, also Stamm mit Stamm komponiert wurde, worauf dann nach Entstehung der Flexion natürlich nur das Schlußglied des Kompositums die Flexionsform erhielt, während das erste, das aus dem Kompositum nicht abgelöst werden konnte, in der uralten Stammform verblieb. Ob aus dieser urältesten Zeit sich irgend ein Exemplar in die Einzelsprachen gerettet hat, kann man nicht wissen, die weit überwiegende Mehrzahl der vorhandenen Bildungen dieser Art sind jedenfalls Nachbildungen. Der Typus *Διόςκουροι* gehört als Typus einer jüngeren Schicht an, während einzelne Exemplare natürlich älter sein können als einzelne Exemplare des Typus *δημογέρων*. Wundt hat, da es sich bei ihm um psychologische Betrachtung handelt, zu diesem Kapitel der historischen Sprachforschung keine Stellung genommen. Der zweite Gesichtspunkt, das logische Verhältnis der Glieder, ist in der Sprachwissenschaft besonders in Anlehnung an die scharfsinnigen Einteilungen der indischen Grammatik erörtert worden. Wundt erklärt diese Einteilungen für psychologisch wertlos. Die psychologische Einteilung, die er anwendet, ist die folgende. Ein Kompositum kann unmittelbar aus dem Satze, wo die Wörter nebeneinander stehen, hervorgehen, z. B. *Gottesgericht*; oder es kann auf einer Wahrnehmungsassociation beruhen, z. B. *Apfelbaum*, oder auf einer Erinnerungsassociation z. B. *Hirschkäfer*. Ob diese Betrachtung sich für die Sprachforschung fruchtbar machen läßt, wird abzuwarten sein. Ueber den syntaktischen Wert des Kompositums, also z. B. seine Abschätzung gegenüber der Verbindung eines Substantivums mit einem Genetiv oder einem Adjektivum, hat J. Grimm in dem bewundernswerten Abschnitt über das Kompositum im zweiten Teile seiner Grammatik mit reichem Material und feinstem Verständnis gesprochen, in Bezug auf das älteste Sanskrit ich in meiner Altindischen Syntax S. 63, wo ich zu zeigen versucht habe, daß z. B. *ācāryajāyá* nicht die Gattin des und des Lehrers, sondern eine besondere Gattung von Frauen, nämlich die Lehrersfrau bezeichne. Auf einen Vorhalt von Whitney habe ich dann zugegeben, daß die Zweiheit der zu einer Einheit verbundenen Begriffe bald deutlicher, bald weniger deutlich zu erkennen sei, so daß man also Grade in der Innigkeit der Verbindung zu unterscheiden habe, und habe im dritten Bande meiner vergleichenden Syntax (Grundriß 5) S. 140 meine Ansicht in den Worten zusammengefaßt: „Sämtliche Komposita, echte sowohl wie unechte, stellen die unlösliche Einheit zweier Begriffe dar. Eine solche würde nicht zustande gekommen sein, wenn sie nicht etwas anderes zum Ausdruck bringen sollte als die lösbare Verbindung derselben Begriffe, welche durch andere Ausdrucksmittel, z. B. die Flexionsformen, bewirkt wird.“

Zur Erläuterung wolle man sich vergegenwärtigen, daß *Bittersalz* nicht dasselbe ist wie *bitteres Salz*, *Altreichskanzler* nicht gleich *alter Reichskanzler*, *Grofsfürst* nicht gleich *grofser Fürst*, ein *kleiner Staat* nicht ein *Kleinstaat* zu sein braucht, ein *Halbstiefel* etwas anderes ist als ein *halber Stiefel*, ein wild gewordenes zahmes Schwein nicht als *Wildschwein* bezeichnet werden kann, eine *Rotbuche* so wenig eine *rote Buche* ist, wie ein *Grünspecht* ein *grüner Specht* oder ein *Rotstift* ein *roter Stift*. Nicht überall ist der Unterschied so deutlich wie in diesen ausgewählten Beispielen. So kann man *Rotwein* wohl durch *roter Wein*, *Neujahr* durch *neues Jahr*, *Altstadt* und *Neustadt* durch *alte* und *neue Stadt*, *Kleingeld* durch *kleines Geld* ersetzen. Man wird aber, wenn man genauer zusieht, leicht einen Grund finden, warum gerade in diesen Bildungen die begrifflich nicht gerade nötige Komposition entstand. Man sieht nicht selten, daß zwei Wörter, die an sich ein Kompositum nicht bilden, in einem größeren Kompositum oder in einer Ableitung zusammenwachsen, z. B. *Liebfrauenmilch*, *Altweibersommer* u. s. w. So könnte *Neujahr* durch Wörter wie *Neujahrsfest*, *Rotwein* durch *Rotweinflasche* u. ähnl. begünstigt sein, und in ähnlicher Weise könnte *altstädtisch* auf *Altstadt* gewirkt haben, also dasselbe Verhältnis vorliegen, wie es nach Grimm's Wörterbuch zwischen *Kleinmut* und *kleinmütig* besteht. Bei *Kleingeld* mag in Betracht kommen, daß man sehr häufig noch ein Adjektivum (*das nötige Kleingeld*) hinzufügt. Als Beleg für die verschiedene Innigkeit der Verbindung mag *Jungvieh* und *Junggeselle* dienen. Das letztere bedeutet zunächst den zuletzt in eine Genossenschaft aufgenommenen Gesellen, dann einen jungen unverheirateten Mann, endlich einen Hagestolz überhaupt, und der Begriff *jung* ist dabei so in Vergessenheit geraten, daß die Verbindung *alter Junggeselle* technisch geworden ist. Bei diesem dritten Punkte nun erweist sich die Behandlung des Problems durch den Psychologen als fruchtbar, der mehr, als es von den Sprachgelehrten geschehen war, betont, daß die Verbindung der Glieder stets nur auf der Association beruht, die sich zwischen den in den Bestandteilen des Kompositums ausgedrückten Vorstellungen gebildet hat, und auf Grund deren dieses Associationsprodukt in der Apperception zu einem einzigen Vorstellungsinhalt verbunden wird (S. 611). Dabei komme es nicht darauf an, ob die Glieder noch getrennt werden können, wie z. B. in *ich stehe auf*. „Mag auch durch diese Eigenschaft das Bewußtsein der besonderen Bedeutung der Teile mehr erhalten bleiben als in den Fällen unverrückbarer Zusammenfügung: an der Thatsache, daß solche Wörter im vollen Sinne des Wortes Komposita sind, kann diese Eigenschaft nichts ändern. Sie geht auch da in den Wortverbindungen nicht verloren, wo jene Sonderung erfolgt, weil dieser Vorgang viel mehr als eine Einschaltung anderer Satzbestandteile in den Zusammenhang des Wortes denn als eine wirkliche Zerlegung des letzteren in seine Teile empfunden wird." Dieser förderliche Gedanke ist denn auch sofort von Brugmann aufgenommen worden, der im Anschluß an Wundt und einen früheren Aufsatz von Dittrich ausführt, der wirkliche Anfang des Vorganges, den wir Kompositionsbildung nennen, sei immer eine Modifikation der Bedeutung des syntaktischen Wortverbandes, der dann konventioneller Ausdruck werde für die irgendwie einheitliche Gesamtvorstellung. Auf die sprachliche Einheit komme es nicht an, ein Distanzkompositum wie *ne—pas* sei ebenso gut eine Einheit wie irgend ein Kontaktkompositum. Von diesem Standpunkt aus könnte man also sagen: die Wörter zerfallen in Einzelwörter und Gruppenwörter (Doppelwörter). Von diesen sind einige Kontaktverbindungen, nämlich die sämtlichen echten Komposita und ein Teil der unechten, andere können je nach Umständen Kontaktverbindungen oder Distanzverbindungen sein, z. B. *wahrnehmen*, *er nimmt wahr*, andere endlich sind nur Distanzverbindungen, z. B. *ne—pas*.

Sechstes Kapitel.

Wortarten und Wortformen. Kasus. Relativum.

Der in der Ueberschrift bezeichnete, mit dem zweiten Bande beginnende Abschnitt zeichnet sich dadurch aus, daß nach der oben S. 44 ff. von mir näher bezeichneten Methode ein möglichst großer Kreis von Sprachen herbeigezogen ist. Ich kann nicht finden, daß dieser Methode Erfolge zur Seite stehen. Das sei an einem außerordentlich viel erörterten Gegenstand, den Kasus des Substantivums, nachgewiesen.

Wundt beginnt seine Erörterung mit einer kritischen Beleuchtung derjenigen Anschauungen, die auf indogermanischem Gebiet hervorgetreten sind, als deren letztes Ergebnis er die Einteilung der Kasus in grammatische und lokale zu betrachten scheint, wobei der Nominativ, Akkusativ, Dativ (wenn dieser wirklich von Anfang an der Kasus des indirekten Objekts ist) und Genitiv die grammatische Gruppe bilden, also für die andere Seite Lokalis, Ablativ und Instrumentalis übrig bleiben. Ich möchte dazu bemerken, daß wir dieser Einteilung in der neueren Zeit, d. h. seit dem Erscheinen des ausgezeichneten Werkes von Gaedicke über den Akkusativ im Veda (Breslau 1880), vielleicht noch einen gewissen praktischen Wert, aber keine tiefere wissenschaftliche Bedeutung beilegen. Aus diesem Grunde habe z. B. ich in meiner neuesten Behandlung des Gegenstandes im ersten Bande meiner vergleichenden Syntax (1893) diese Klassifikation gar nicht mehr erwähnt. Brugmann gedenkt ihrer freilich noch in seiner griechischen Grammatik (neueste Auflage 1900), aber nur um ihr den Gnadenstoß zu geben (S. 374). Unter diesen Umständen darf ich über die Angriffe, welche Wundt gegen die aufgegebene Festung richtet, hier hinweggehen und mich sofort seiner eigenen Klassifikation zuwenden. Den Weg dazu bahnt sich Wundt durch eine Darstellung der „Entwickelungsstufen der Kasusbildung“ (S. 69 ff.). Es lassen sich folgende Stufen unterscheiden. Auf der ersten stehen diejenigen Sprachen, welche die Kasus gar nicht bezeichnen oder doch nur ganz schwache Anfänge einer Bezeichnung aufweisen. Dahin gehört z. B. das Hottentottische. Diesem ersten steht ein zweiter, entwickelterer Typus gegenüber, „der sich durch excessive, eine Fülle konkreter Beziehungen der Begriffe ausdrückende Kasusbildungen auszeichnet“, wohin viele amerikanische Sprachen gehören. Bei einem dritten Typus sind die Kasus auf den Ausdruck weniger, einfacher Grundverhältnisse der Begriffe beschränkt. Dahin gehören das Semitische und Indogermanische, die allerdings unter sich wieder sehr verschieden sind. Denn die semitischen Sprachen weisen auf einen ursprünglichen Zustand sparsamer Kasusbildung zurück, die sich zugleich wesentlich auf Kasus von logischer Funktion (Nominativ, Akkusativ, Genitiv) beschränkt. Von den indogermanischen Sprachen aber heißt es (2, 71): „Sie weisen einen ursprünglichen Bestand von Kasusformen auf, der ebenso die inneren grammatischen, wie die äußeren, lokalen, socialen, instrumentalen Beziehungen umfaßt, bei dem aber gleichfalls, wenn auch in den einzelnen Sprachgebieten in verschiedenem Grade, diese Kasusunterschiede teils zusammengeflossen, teils gänzlich verschwunden sind, während in gleichem Maße selbständige Partikeln in Gestalt von Präpositionen und bei den grammatischen Kasus die Flexionsformen des aus dem Demonstrativpronomen hervorgegangenen Artikels für sie eintreten. Durch diese größere Fülle ursprünglicher Kasusbildungen repräsentiert das Indogermanische gegenüber dem Semitischen eine Art Uebergangsstufe zu dem vorangegangenen Typus der excessiven Kasusformen. Da der älteste geschichtlich erreichbare Bestand der indogermanischen Kasus, wie er im Sanskrit erhalten blieb, auf den Ausdruck der allgemeinsten Unterschiede der Begriffsverhältnisse beschränkt ist, so läßt sich dann in diesem Sinne auch das Kasussystem des Indogermanischen als ein Mittelglied zwischen jenen Zuständen des Mangels und des Reichtums an Wortformen betrachten, die uns in anderen Sprachen begegnen. Dabei muß man aber eingedenk bleiben, daß dieses Kasussystem selbst kein idealer Anfangszustand, sondern, wie alle anderen Systeme, nur eine einzelne, durch besondere geschichtliche Bedingungen herausgehobene Phase einer kontinuierlich fortschreitenden Entwickelung ist.“

Aus dieser Ausführung folgt zugleich, daß die „Entwickelung“ nicht im historischen Sinne zu verstehen ist. Wundt schärft vielmehr ausdrücklich ein, es verstehe sich von selbst, „daß jene aus dem stetigen Fluß der Entwickelung herausgegriffenen drei Stufen der mangelnden, der ausgebildeten und der wieder verschwindenden Kasusformen keineswegs von jeder Sprache durchlaufen werden müssen, falls diese überhaupt zu einer vollkommeneren, nach dem Reichtum an Begriffen und dem Ausdruck von Begriffsbeziehungen zu bemessenden Ausbildung fortschreiten sollte". Man wolle sich demnach unter der Entwickelung nicht zu viel vorstellen. Praktisch genommen, ist sie eine Einteilung und Würdigung der bei den Sprachen vorkommenden Kasussysteme, wobei der hauptsächliche Gesichtspunkt der ist, ob sogenannte logisch-grammatische oder lokale Kasus vorliegen. Der nächste Abschnitt S. 73 ff. knüpft denn auch in wiederholter Polemik wieder an diese Einteilung an, um sie schließlich durch eine andere zu ersetzen. Ueber diese äußert sich der Verfasser, wie folgt (S. 78): „Dagegen giebt es ein anderes Verhältnis, das jene beiden Arten der Kasus überall zutreffend unterscheidet, während es zugleich bei der Entwickelung ihrer Ausdrucksformen eine wichtige Rolle spielt. Es besteht darin, daß bei der einen Art der Kasus der Nominalstamm als solcher, ohne Hinzutritt irgend welcher in der Form von Suffixen, Präpositionen oder Postpositionen den Inhalt der Beziehung näher angebender Elemente, vollkommen zureichend die Kasusform ausdrücken kann, während bei der anderen Art solche näher determinierende Elemente, die eine bestimmte, für das Begriffsverhältnis wesentliche Vorstellung enthalten, niemals fehlen können, falls nicht der Ausdruck überhaupt ein lückenhafter oder unbestimmter werden soll. Wir können dieses Verhältnis, unabhängig von allen Erwägungen über Ursprung und Wert der verschiedenen Kasusformen, zum Ausdruck bringen, wenn wir die Kasus der ersten Art als solche der inneren Determination, die der zweiten als solche der äußeren

Determination der Begriffe bezeichnen. Der Nominativ, Akkusativ, Genitiv und der Dativ als Kasus des „entfernteren Objektes“ sind die Kasus der inneren Determination.“ Wie man sieht, ist hierbei nur die Begründung der Einteilung neu, während die Verteilung der Kasus selbst die alte bleibt. Ich kann ihr aber auch in der neuen Gestalt keinen Geschmack abgewinnen. Was hat man von einer Schablone, die auf den einzelnen Fall nie oder so gut wie nie paßt. Daß sich das mit Beziehung auf die Sprachwelt im ganzen so verhält, ist von Wundt selbst ausgesprochen, indem er bemerkt, daß die psychologische Unterscheidung der sämtlichen vier Kasus der inneren Determination durch die syntaktische Stellung, ohne jedes dem Worte selbst anhaftende Merkmal, kaum in irgend einer Sprache vollständig verwirklicht sei (S. 82). Was sodann die indogermanischen Sprachen im besonderen betrifft, so ist es klar, daß es mißlich ist, für die ältere Zeit von Kasus der inneren Determination zu reden, wo doch alle Kasus (mit Ausnahme des Vokativs und gewisser Nominative und Akkusative) äußerlich determiniert sind. In einer jüngeren Phase wie dem Englischen, wo die Kasus der inneren Determination allein übrig geblieben sind, liegt die Sache dann wieder so, daß doch der eine dieser Kasus, der Genitiv, äußerlich determiniert ist. Ich bin nicht in der Lage, eine bessere Klassifikation vorzuschlagen, halte eine solche aber auch überhaupt für überflüssig. Wo eine Gruppierung im einzelnen Falle wünschenswert erscheint, kommt man mit einer Gruppierung in lokale und nicht-lokale Kasus aus.

Bin ich nun in Hinsicht der Klassifikation abweichender Ansicht, so stimme ich dagegen mit Wundt in Beziehung auf die Auffassung des Begriffes „lokal“ überein.

Es lohnt sich hierauf mit einigen Worten näher einzugehen, weil es immer noch Sprachforscher giebt, die an der Aufstellung solcher Grundbedeutungen, die sie für nicht-lokal erklären, Anstoß nehmen. Ich knüpfe dabei an meine, Vergl. Synt. 1, 188, gegebene Uebersicht über den Kasusgebrauch im Indogermanischen an. Es heißt dort: „Durch die Kasus werden Verhältnisse ausgedrückt, in welchen der Substantivbegriff zu dem Verbalbegriff steht. Er kann der Träger oder Mittelpunkt der Handlung sein (Nominativ) oder von ihr betroffen werden, und zwar entweder nahe und ganz (Akkusativ) oder teilweise (Genitiv) oder so, daß die Handlung mit Hinblick und Rücksicht auf den Substantivbegriff geschieht (Dativ). Ferner kann der Substantivbegriff bei der von dem Träger vollzogenen Handlung eine begleitende, helfende, dienende Stellung einnehmen (Instrumentalis). Endlich kann er den Punkt angeben, von dem aus die Handlung erfolgt (Ablativ), oder den Ort, innerhalb dessen sie sich abspielt (Lokalis). Das Ziel, dem die Handlung zustrebt, wurde also ursprünglich durch Kasus nicht bezeichnet, entwickelte sich aber am Akkusativ und Dativ, und zwar sicher bei dem Akkusativ, vielleicht auch bei dem Dativ, bereits in der Zeit der Sprachgemeinschaft“ [1]). Diese Grundbegriffe haben für die einzelnen Kasus die Aufgabe, die mit Wahrscheinlichkeit als indogermanisch ermittelten Gebrauchstypen zu einer Formel zusammenzufügen, bei

1) In dieser Uebersicht fehlt der Vokativ, da er eine besondere Satzart vorstellt und nicht wie die eigentlichen Kasus in das Gefüge eines Satzes eingeht. Bei dem Genitiv bin ich von der Voraussetzung ausgegangen, daß der adverbale Teil die ältere Masse ausmache, wie ja auch die übrigen Kasus ein Verhältnis zwischen dem Substantivbegriff und dem Verbalbegriff darstellen, während Wundt der gegenteiligen Ansicht ist, wobei er sich auf die Analogie zahlreicher Fremdsprachen stützt. Eine sichere Entscheidung wird wohl nicht möglich sein.

deren Fassung der Wunsch wirksam war, nicht logisch, sondern historisch-psychologisch zu verfahren. Unter indogermanisch wird dabei der Zustand verstanden, in dem die Grundsprache bereits eine völlig entwickelte Flexionssprache war. Die Entwickelung innerhalb einer älteren Periode der Urzeit stellen wir uns hypothetisch so vor: Der Stamm eines Substantivums bezeichnete, wenn er durch Stellung oder besondere Betonung ausgezeichnet war, den hervortretenden Substantivbegriff des Satzes, im anderen Falle den zurücktretenden. Aus dem zurücktretenden lösten sich allmählich die sogenannten obliquen Kasus ab (Ablativ, Lokalis, Instrumentalis, Dativ, Genitiv). Was nach dieser Ablösung von dem Stamme übrig bleibt, nennen wir Akkusativ. Dabei ist es wahrscheinlich, daß in dem Instrumentalis zwei ursprüngliche Kasus stecken. Doch läßt sich nicht mehr feststellen, was jeder derselben ursprünglich bedeutete. Wundt ist im Irrtum, wenn er als feststehend ansieht, daß der eine sociative, der andere von Anfang an rein instrumentale Bedeutung gehabt habe. Auch andere Annahmen sind möglich, z. B. könnte man vermuten, daß der eine ursprünglich die Bewegung durch einen Raum hin bedeutet habe. Von diesen Grundbegriffen nun werden einige allgemein als genügend angesehen, z. B. Lokalis und Ablativ, andere werden gelegentlich bemängelt, weil sie nicht lokal, also nicht ursprünglich genug seien. Mit besonderer Schärfe ist dieser Standpunkt von Whitney vertreten in seinen General considerations on the indo-european case-system in den Transactions der American philological Association 1882, Vol. 13, S. 88ff. Sein Hauptargument ist philosophischer Art und wird in folgender Ausführung zusammengefaßt: „Es kann als eine allgemeine Wahrheit ausgesprochen werden, daß alle Bezeichnung der Beziehung der Gegenstände sowohl als der Gegenstände selbst und ihrer Thätigkeiten mit dem beginnt, was am körperlichsten (*most physical*), am direktesten durch die Sinne wahrnehmbar ist. Die ganze Masse von intellektuellem, moralischem, idealem und Beziehungsausdruck entwickelt sich durch allmähliche Anpassung aus dem Ausdruck sinnlich wahrnehmbarer Vorgänge, Eigenschaften und Beziehungen; solche Anpassung geht fortwährend in der Geschichte der Sprachen vor sich, welche wir gebrauchen, und ihre vergangene Geschichte ist in großem Maßstabe eine Darstellung derselben Bewegung, der größten und durchgreifendsten Bewegung, welche sich in den Sprachen zeigt. Es ist uns nicht gelungen, den Ursprung irgend eines Ausdruckes nachzuweisen, bis wir ihn auf seinen körperlichen Wert zurückgeführt haben. Wenn wir vorher Halt machen müssen, dürfen wir uns nicht verhehlen, daß unsere Untersuchung ihren Zweck noch nicht erreicht hat. Nun sind offenbar unter den Beziehungen der Gegenstände diejenigen des Raumes die am meisten körperlichen und durch die Sinne wahrnehmbaren; und unsere Sprachen sind angefüllt mit Ergebnissen von Bedeutungsübergängen von lokalen auf ideale Beziehungen. Die ganze Klasse der Pronomina mit allem, was von ihnen abgeleitet ist, ist auf die Auffassung von Raumverhältnissen gegründet. Die Adverbpräpositionen des Raumes und der Richtung, deren Ursprung auf eine wirklich frühe Periode der Entwickelung der Sprache unserer Vorfahren zurückgeht, waren ehemals und sind noch jetzt die fruchtbare Quelle des Ausdruckes für die verschiedenartigsten Begriffe; wir brauchen nur auf die Geschichte der gegenwärtigen und früheren Verwendung von Worten wie *of*, *from*, *for*, *in*, *out* zu sehen, um reichliche Belege dafür zu finden. Von Partikeln des Raumes kommen durch eine nächste Uebertragung die der Zeit; und die der Art, des Grades, der Modalität im allgemeinen befinden sich in einem nicht erheblichen Abstand davon. Unsere allgemeine Kenntnis der Sprache zeigt uns nichts Ursprünglicheres und Fundamentaleres, welches der Bezeichnung der Raumbeziehungen zu Grunde läge; und wir sind deswegen berechtigt, uns bei der Erklärung zu beruhigen, welche für den Instrumentalis, Ablativ und Lokalis gefunden ist, und ihre lokalen Bedeutungen als die ursprünglichen zu betrachten, welche als Grundlage für die ganze Mannigfaltigkeit der übrigen dienen." Ich bin ganz der Meinung von Wundt (S. 73), daß man solchen Aeußerungen zum Teil zustimmen kann, daß aber die Begriffe „räumlich" und „anschaulich" nicht gleichgesetzt werden dürfen. Die Sätze wollen doch ursprüngliche Vorgänge der Außenwelt wiedergeben und also die Kasus Beziehungen, welche in der Außenwelt zwischen Wesen und Vorgängen einer zusammengehörigen Gesamtanschauung stattfinden. Nun sind diese Beziehungen sämtlich anschaulicher Art, da sie alle im Raume angeschaut werden, aber nicht alle werden als räumliche aufgefaßt. Wenn unsere Vorfahren sagen wollten „Der Fischadler holt den Fisch aus dem Flusse herauf", so faßten sie gewiß das Heraufholen als eine im Raume vor sich gehende Bewegung auf (Ablativ), aber den Adler sahen sie doch gewiß nicht etwa als den Punkt an, von dem eine Bewegung anhebt, sondern als das siegende, bewältigende Wesen, den Fisch aber nicht als das Ziel der Bewegungsthätigkeit des Adlers, sondern als das unterliegende, bewältigte Tier. Nicht bloß die Bewegung im Raume, sondern ebenso auch Sieg und Unterliegen, Wirken und Gewirktes sind etwas, das mit den Augen gesehen wird. Nicht bloß das Verhalten der Dinge im Raume, sondern auch ihre Lebens- und Kraftäußerungen sind Gegenstand der Bezeichnung, oder genauer gesprochen: in den Kasus tritt nicht bloß der Gegenstand, in oder an dem oder von dem aus etwas geschieht, sondern auch die Person oder der Gegenstand, der eine Thätigkeit ausübt, von ihr hervorgebracht oder affiziert wird. Hierhin gehört auch der Dativ, über dessen Grundbegriff besonders lebhaft verhandelt worden ist, insofern in ihn die Person tritt, der eine Handlung gilt. Natürlich wird er sich zunächst bei solchen Vorgängen, die sich zwischen einem Gebenden und einem Empfangenden, einem Helfenden und einem Geförderten abspielen, eingestellt haben, und daran werden sich geistigere Beziehungen angeknüpft haben. Demnach drücken die Kasus eines Substantivums, welche Teile der Gesamtvorstellung eines Satzes sind, sämtlich ein sinnenfälliges Verhalten von Wesen aus, aber dieses Verhältnis wird nur in wenigen Fällen als ein ausschließlich räumliches gedacht, so bei dem Lokativ und Ablativ des Indogermanischen, im Instrumentalis dagegen ist vielleicht mit dem räumlichen Zusammensein von Anfang an die Vorstellung der Hülfe verbunden gewesen, welche ja bei diesem Kasus eine wichtige Rolle spielt.

Auf andere Stücke des umfangreichen Abschnittes, z. B. das Verbum, einzugehen, halte ich nicht für rätlich. Ich glaube, daß demjenigen, der mitten in der indogermanischen Forschung steht, sich manches thatsächlich anders darstellen muß, als es bei Wundt geschieht, und kann auch auf diesem Gebiet nicht finden, daß das Indogermanische durch die Heranziehung der fremden Sprachen nennenswerte Aufklärung erhielte. Dagegen gestatte ich mir, einen für diese letztere Frage wichtigen Punkt aus einem späteren Kapitel vorwegzunehmen, nämlich die Entstehung des Relativums aus dem Interrogativum, worüber sich Wundt 2, 294, wie folgt, äußert: „Hiernach läßt sich wohl diese Entstehungsweise des Relativum auf einen Prozeß zurückführen, der eine im Verlauf der Rede auftauchende Frage unmittelbar, noch ehe sie ausgesprochen ist, beantwortet und so den Fragesatz in einen Aussagesatz verwandelt, dabei aber das Fragepronomen zurückbehält, das sich auf den Gegenstand dieser Aussage bezieht. Eine solche Umwandlung wird durch die Form der Thatsachenfrage unmittelbar nahegelegt. ‚Welcher von euch ist es gewesen?‘ lautet etwa die Frage — ‚Karl ist der, welcher es gewesen ist‘ die zugehörige Antwort. Die Beibehaltung des Fragepronomen erklärt sich so durch die unmittelbare Association mit der vorangegangenen Frage.“ Sehen wir nun aber die Sache innerhalb des Deutschen geschichtlich an, so zeigt sich, daß ein Anfang der relativischen Verwendung von *wer* im Althochdeutschen in abhängigen Fragen vorliegt, z. B. bei Otfrid in einem Satze wie *thu frages uuer thih ruarti* „du fragst, wer dich angerührt habe“ (wobei die direkte Frage „wer hat mich angerührt?“ zu Grunde liegt). Wenn nun der Hauptsatz ein vorbereitendes *thaz* enthält, so konnte sich zwischen diesem und dem *uuaz* der abhängigen Frage in einer Sprache, welche das Relativum bereits kannte, leicht für das Sprachgefühl ein korrelatives Verhältnis entwickeln, z. B. in *thaz er thaz gihorti uuaz druhtin thes giquati* „damit er das höre, was der Herr darüber sage“, und von hier aus konnte sich die relativische Verwendung von *uuer* weiter ausbreiten (s. Vergl. Synt. 3, 388). Ein allgemeinrelativisches *wer*, wie wir es z. B. in *wer wagt, gewinnt* besitzen, war im Althochdeutschen noch nicht vorhanden. In dieser Gedankenkonstellation braucht man dort *so uuer so* oder *so uuer*, woraus sich dann im Mittelhochdeutschen *swer* entwickelt hat, welches bei uns durch *wer* ersetzt ist. In diesem *so uuer* (*so*) ist nun aber *uuer* nicht Interrogativum, sondern Indefinitum, und der relativische Gedanke kommt in den ganzen Ausdruck nicht durch *wer*, sondern durch *so* (ebenda S. 387). Aehnlich verhält es sich im Lateinischen und Baltisch-Slavischen. Gegen diese Erklärung des relativischen Gebrauches aus ganz bestimmten, ziemlich verwickelten geschichtlich erkennbaren Zuständen kommen meines Erachtens psychologische Erwägungen allgemeiner Art nicht auf, und sie kann auch nicht durch Parallelen aus fremden Sprachen beseitigt werden. Wenn in diesen, was ich nicht beurteilen kann, das Relativum auf anderem Wege aus dem Interrogativum entstanden ist, so hat man anzuerkennen, daß die Menschen auf verschiedenen Wegen zu dem gleichen Ergebnis gekommen sind.

Siebentes Kapitel.

Der Satz und seine Gliederung.

1. Definition.

Was ist ein Satz? Auf diese Frage, die den Scharfsinn der Gelehrten viel beschäftigt hat, antwortet Paul in seinen Principien S. 111 folgendermaßen: „Der Satz ist der sprachliche Ausdruck, das Symbol dafür, daß sich die Verbindung mehrerer Vorstellungen oder Vorstellungsgruppen in der Seele des Sprechenden vollzogen hat, und das Mittel dazu, die nämliche Verbindung der nämlichen Vorstellungen in der Seele des Hörenden zu erzeugen“, woraus hervorgeht, daß jeder Satz nach Pauls Meinung aus mindestens zwei Elementen besteht. In bewußtem Gegensatz dazu steht eine andere Auffassung, welche ich Vergl. Synt. 1, 75 in die Worte gefaßt habe: „Ein Satz ist eine in artikulierter Rede erfolgende Aeußerung, welche dem Sprechenden und Hörenden als ein zusammenhängendes und abgeschlossenes Ganzes erscheint.“ Wenn hiermit ausgesprochen ist, daß die Zweigliederung nicht notwendig zum Wesen des Satzes gehört, so soll doch natürlich nicht geleugnet werden, daß eine solche gewöhnlich vorliegt, und ich kann mich deshalb in dieser Hinsicht auch der Fassung von Sütterlin S. 306 anschließen: „Der Satz ist der in gegliederter Lautgebung erfolgende Ausdruck einer Vorstellung, einer Vorstellungsmasse, oder auch der Verbindung zweier Vorstellungen oder zweier Vorstellungsmassen, der dem Sprechenden und dem Hörenden als ein zusammenhängendes und abgeschlossenes Ganzes erscheint“, wozu als Beispiele angeführt werden: *Ei!, Karl!, Hier bleiben!, Den Rappen gezäumt! — Das Kind schläft. — Der Knecht füttert das Vieh. Er liest zuerst, schreibt dann Briefe und geht zum Schluſs spazieren* [1]). Wundt seinerseits schließt sich keiner dieser beiden Auffassungen an, sondern stellt eine eigene Definition auf, welche sich nach dem S. 38 Entwickelten eigentlich von selbst ergiebt. Wundt nimmt, wie es danach natürlich ist, zunächst an dem Aus-

1) Wer diese Fassung zuerst ausgesprochen hat, ist mir nicht bekannt. Nach Schiepek S. 15 könnte es Wunderlich gewesen sein. Daß die Brentano'sche Psychologie dabei von Einfluß gewesen sei, wie Wundt annimmt, kann ich aus meiner Erfahrung nicht bestätigen. Ich glaube, meine oben angeführte Definition, die ich viele Jahre vor meiner Bekanntschaft mit dieser Psychologie in meinen Vorlesungen vorgetragen habe, auf die Anregungen von Lazarus' Leben der Seele (2. Band, 1857, namentlich S. 174 ff.) zurückführen zu sollen.

druck „Verbindung" Anstoß, der ja nur gerechtfertigt wäre, wenn die zu verbindenden Bestandteile als vorher existierend gedacht werden könnten. Nun liegt es aber doch in unserem Falle nicht so. Das Wort ist nicht für sich entstanden, sondern hat seinen Entstehungsort im Satze, und sodann lehrt uns die Selbstbeobachtung, daß, wenn ich einen Satz bilde, die einzelne Vorstellung keineswegs erst in dem Moment in mein Bewußtsein kommt, wo ich das zugehörige Wort ausspreche. Natürlich ist das jeweils gesprochene Wort im allgemeinen auch dasjenige, das im Blickpunkt des Bewußtseins steht, aber in dem weiteren Umfang des letzteren sind zugleich die anderen Wortvorstellungen oder mindestens die von ihnen enthalten, die für den Zusammenhang und das Verständnis des Satzes notwendig sind. Dieser Auffassung von der Priorität der Gesamtvorstellung dürfte, mit einer später zu erwähnenden, von Wundt selbst hervorgehobenen Einschränkung, zuzustimmen sein. Auch darf ich wohl hervorheben, daß dieser Gedankengang der jetzigen Sprachforschung nicht fremd ist. So habe ich z. B. (Vergl. Synt. 3, 5) mich dahin ausgesprochen, daß die „zunächst sich aufdrängende Einheit der Satz sei, in welchem durch die Arbeit des Analysierens und Vergleichens einzelne Wörter und Wortgruppen unterschieden werden" [1]). Wenn Wundt die Beziehungen, welche infolge der Gliederung

1) Man vergleiche auch die lange vorher aufgestellte Definition in Heyse's deutscher Grammatik 1, 277: „Eine Aussage, wie sie der Satz enthält, entsteht, indem der Geist eine konkrete (äußere oder innere) Wahrnehmung in ihre Bestandteile zerlegt und diese wiederum zu der Einheit eines Gedankens verknüpft. Die unmittelbare Einheit der Anschauung wird aufgelöst, und eine höhere, durch den Geist vermittelte, gedachte Einheit tritt an die Stelle. Die angeschaute Einheit wird zu einer begriffenen erhoben."

der Gesammtvorstellung zwischen den einzelnen Wortbegriffen des Satzes entstehen, als logische bezeichnet (wie es ja gewöhnlich geschieht), so kann ich diesen Ausdruck nicht loben, weiß ihn aber durch einen besseren nicht zu ersetzen. Hiermit haben wir eine Seite der Wundt'schen Satzdefinition kennen gelernt. Die andere beschäftigt sich mit dem den Satz begleitenden Gefühlsverlauf. Es soll festgestellt werden, durch welchen Gemütszustand sich im letzten Grunde eine sprachliche Aeußerung und also ein Satz von einem bloßen Aufschrei unterscheidet. Das war bisher nicht recht gelungen. Wenigstens habe ich es (Vergl. Synt. 1, 75) zu keiner besseren Fassung gebracht als der folgenden: „Ueber den Seelenzustand, der dem Aussprechen eines Satzes vorhergeht, kann man, wie ich glaube, nur sagen: er muß so beschaffen sein, daß eine sprachliche Aeußerung, nicht etwa bloß ein Schrei erzeugt wird.“ Ich war zu dieser, jede Erklärung einstweilen noch hinausschiebenden Formulierung gezwungen, weil ich den gewöhnlichen Zustand des Sprechens, wie er in der täglichen Uebung vorliegt, im Auge hatte. Wundt seinerseits kommt zu einer befriedigenderen Auffassung, indem er die große Masse der eingeübten und sozusagen automatisch verlaufenden Sätze außer acht läßt und lediglich den zum ersten Mal produzierten Satz ins Auge faßt. Ein solcher nun unterscheidet sich von einem Schrei dadurch, daß er eine Willkürhandlung in dem oben S. 19 berührten Sinne ist. „Ein Ruf gewinnt die Bedeutung eines Satzes überall erst da, wo er willkürlich einem Gefühl, einem Wunsch, einer Warnung Ausdruck giebt. Als unwillkürlicher Gefühlsausdruck bleibt er eine Interjektion.“ „Vollends der Frage- und Aussagesatz sind Sprachäußerungen, denen schon äußerlich die Merkmale willkürlicher Handlungen zukommen, und die auch für die genauere subjektive Beobachtung den eigentümlichen, die Willkürbewegung vorbereitenden und abschließenden Gefühlsverlauf [d. h. die Gefühle des Zweifels, der Entschließung, der Thätigkeit] deutlich erkennen lassen." Zur Verdeutlichung des Vorganges im einzelnen wird schließlich noch bemerkt: „Natürlich gilt aber von dieser wie von allen Willkürhandlungen, daß nicht jeder einzelne Akt, also in diesem Falle nicht jedes einzelne Wort Gegenstand einer besonderen Auswahl ist; sondern auch hier löst der Willensakt sofort Hilfsassociationen aus, die, nachdem der erste Impuls geschehen, den weiteren Vorgang zum Teil automatisch ablaufen lassen." Nur an einzelnen Stellen, wo der Vorstellungsverlauf stocke, bedürfe es dann noch eines willkürlichen Eingriffes.

Nach diesen Auseinandersetzungen wird die Wundt'sche Definition verständlich sein, welche auf S. 240 so lautet: „Ein Satz ist der sprachliche Ausdruck für die willkürliche Gliederung einer Gesamtvorstellung in ihre in logische Beziehungen zu einander gesetzten Bestandteile". Wenn es gestattet ist, bei dieser Fassung aus dem oben S. 139 angedeuteten Grunde von den „logischen Beziehungen" und zugleich von dem Zusatz „willkürlich" abzusehen, der (wie wir eben sahen) doch nur eine beschränkte Geltung beansprucht, so würde sich die handlichere Fassung ergeben, daß der Satz der sprachliche Ausdruck einer gegliederten Gesamtvorstellung ist.

Daß ich dieser Fassung insofern zustimme, als sie die „Gliederung" an die Stelle der „Verbindung" setzt, folgt aus meiner bisherigen Darstellung. Zugleich ist aber in dieser auch schon angedeutet, daß ich nicht alle Sätze für gegliedert halten kann, vielmehr hat mich eine erneute Prüfung in der Ansicht befestigt, daß sich unter den einwortigen Sätzen, deren Vorhandensein natürlich niemand leugnet, einige Typen finden, die von Anfang an ungegliedert gewesen sind. Um diese Typen herauszufinden, muß man zunächst die einwortigen Sätze ausscheiden, welche als Reste mehrwortiger angesehen werden müssen. Derartige nun giebt es in unserer Umgangssprache in großer Menge. Es gehören dahin formelhafte Aeußerungen wie die Grußformel *Morgen*. Daß dies aus *guten Morgen* verkürzt ist, folgt daraus, daß dieses sehr häufig daneben gebraucht wird, und aus dem parallelen *Nabend*, welches das akkusativische *n* von *guten* noch an sich trägt; und es ist ferner klar, daß das akkusativische *guten Morgen* der Rest ist von: *ich wünsche einen guten Morgen* oder *einen guten Morgen wünsch' ich,* das man noch oft genug hören kann. Es liegt wohl auch auf der Hand, weshalb von solchen Sätzen nur das unterscheidende *Morgen* oder *Nabend* übrig geblieben ist: die übrigen Worte wegzulassen, war bequem, weil man Grußformeln oft aus einer gewissen Entfernung zuruft, und es war möglich, weil über den Sinn des Ganzen in einer bestimmten Lage kein Zweifel sein kann. Ein solches *Morgen* nun enthält offenbar nicht die einfache Vorstellung eines Zeitabschnittes, sondern es steckt darin noch eine Erinnerung an den ganzen Satz, es ist sozusagen ein verdichteter Satz, innerhalb dessen sich noch ein geringer Rest von Gliederung erhalten hat. Aehnlich steht es mit dem zustimmenden *gut!* (eigentlich: *was du sagst, ist gut*), mit *was?* aus *was hast du gesagt?* oder wenn die Zustimmung des anderen erbeten wird: *was sagst du dazu? habe ich nicht recht?* Aehnlich auch mit *ja*, über das Paul in seinem Wörterbuch und Schiepek S. 94 ff. in einer nicht nur für Sprachforscher sehr lehrreichen Weise gehandelt haben. Wie man aus Paul's Darstellung sieht, war *ja* ursprünglich eine Partikel mit versicherndem Sinne, die neben dem Verbum stand, z. B. mhd. *jā tuon ichz durch dīn ēre* „fürwahr, ich thue es um deiner Ehre willen"; *jā enmac ichs niht gelāzen* „fürwahr, ich kann es nicht lassen". Im Neuhochdeutschen wird *ja* der Rede eingefügt, und zwar in verschiedenem Sinne, je nachdem es stark oder schwach betont ist, im ersteren Falle z. B. bei Aufforderungen, um sie eindringlich zu machen (*geh doch ja hin!*), im zweiten Falle z. B. einräumend (*das ist ja richtig, aber*). Ueber das *ja* in der Antwort sagt Paul: „Schon in der ältesten Zeit steht *ja* auch für sich als Antwort auf eine Frage, und diese Funktion erscheint uns jetzt als die eigentlich normale des Wortes. Ursprünglich war dieses *ja* auch nur die Bekräftigung eines aus dem Inhalte der Frage zu entnehmenden Satzes, vergl. die Verwendung von *freilich*, *doch* u. a. Es ist daher *ja* auch noch mit Teilen eines solchen Satzes verbunden. Im Mhd. war es üblich, ein Subjektspronomen neben *jā* zu setzen, z. B. *jā ich*, *jā ër*, ein Gebrauch, der bis in das 16. Jahrhundert reicht." Demnach kann man sagen, daß *ja* ein verdichteter Satz ist, der aber (im Unterschied von *Morgen* u. ähnl.) seinen Inhalt einem vorhergehenden Satze entnimmt. Ebenso steht es mit *nein*, das etymologisch *nicht eins* bedeutet und also, wie Paul bemerkt, ursprünglich als Antwort auf Sätze wie *sind die Räder fertig? hast du die Räder?* gedient haben muß. In anderen Fällen kann man zweifelhaft sein, ob eine Abbreviatur eines ursprünglichen Satzes vorliegt, z. B. in Aufschriften wie *Friedrichsstraſse*. Wahrscheinlich liegt hier geschichtlich ein Aussagesatz (*dieses ist die Friedrichsstraſse*) zu Grunde, wie er z. B. überliefert ist in der von Strabo erwähnten Inschrift auf dem Isthmus, wo auf der einen Seite stand *τάδ' ἐστὶ Πελοπόννησος οὐκ Ἰωνία*, auf der anderen aber *τάδ' οὐχὶ Πελοπόννησος ἀλλ' Ἰωνία.* Dagegen wenn ich beim Spaziergang einen Hasen aufspringen sehe und nun ausrufe *ein Hase!* so sollte man meinen, daß ich damit nichts weiter beabsichtige, als die Vorstellung dieses Tieres vor die Seele meines Begleiters zu bringen, und daß also eine Abkürzung nicht vorliegt. Indes möchte ich eine entschiedene Meinung nicht aussprechen, da die Untersuchungen über die Ellipse noch nicht weit genug gediehen sind[1]). Ich habe vielmehr diese ganze Ausführung nur gemacht, um meine Zustimmung zu der Wundt'schen Ansicht zu begründen, daß es Satzäquivalente giebt, aus denen nicht auf die Ursprünglichkeit ungegliederter Sätze geschlossen werden darf. Die Frage, ob solche vorhanden sind, muß also vorläufig bei anderen Erscheinungen gesucht werden, nämlich den Impersonalien, den Imperativen, Vokativen und Interjektionen. Von diesen vier Typen kommen bei dem jetzigen Stande der Forschung die Impersonalien nicht in Betracht, weil, wie ich (Vergl. Synt. 3, 23 ff.) gezeigt zu haben glaube, die historische Forschung bis jetzt nicht hat ermitteln können, ob die indogermanischen Formen dieser Art einst ein ausgedrücktes Subjekt hatten oder nicht. Was die Imperative betrifft, so ist wahrscheinlich gemacht worden, daß die ältesten Formen derselben im Indogermanischen, um es an einem Beispiel auszudrücken, **bhére* und **bhéretōd* lauteten (alt-

1) Ich habe über die Geschichte dieses Begriffes Vergl. Synt. 3, 112 ff. gehandelt und einige dahin gehörige Erscheinungen aus den alten indogermanischen Sprachen zusammengestellt, auf eine psychologische Erklärung aber absichtlich verzichtet, weil diese, wie ich S. 135 angedeutet habe, nur an lebenden Sprachen zu gewinnen ist. Beiträge aus diesem Gebiet fehlen nicht, z. B. findet sich treffliches Material bei Schiepek, doch steht eine eingehende Behandlung noch aus.

indisch *bhára, bháratād*, griechisch *φέρε, φερέτω*), daß beide Formen eine Personalendung nicht haben, also eine Beziehung zur Person so wenig enthielten wie zum Aktivum oder Medium, daß vielmehr durch *-tōd* nur die Beziehung auf die Zukunft angedeutet war. Die Form **bhére* bezeichnete also nichts anderes als den Inhalt der Verbalwurzel bezw. des Praesensstammes. Daß mit dieser Aeußerung eine Anregung beabsichtigt war, wurde durch die Verbalform nicht ausgedrückt. Ich glaube also nicht, daß man einem Satze, der diese von uns erschlossene Imperativform enthielt, Zweigliedrigkeit zuschreiben kann. Dagegen haben die Imperativformen der historisch überlieferten Einzelsprachen allerdings in Anlehnung an die übrigen Verbalformen eine Personalbeziehung erhalten, die entweder ausgedrückt oder in die alte Form hineinempfunden wurde, so daß man von *φέρε* sagen kann, es habe für den Griechen ein Analogon dessen enthalten, was im Aussagesatz Subjekt und Prädikat ist[1]). Somit muß man für die überlieferten Imperative der indogermanischen Einzelsprachen die Zweigliedrigkeit zugeben. Unbedingt aber leugne ich sie für die Vokative. Ein Vokativ — das möchte ich zunächst feststellen — gehört ganz und gar der Sprache an, steht nicht etwa, wie man es von den Interjektionen zu behaupten pflegt, an ihrer Schwelle. Als Wort enthält er die Bezeichnung einer Person, nicht etwa eines Gefühles, und als Aeußerung hat er die Aufgabe, durch Nennung des Namens im Rufe die Aufmerksamkeit der Person zu erregen. Seine Anwendung ist, wie Wundt sagen würde, eine Willkürhandlung, und auch insofern fällt er der Sprache im eigentlichsten Sinne zu.

1) Von einer Erörterung der Form altind. *íhi*, griech. ἴθι, deren Suffix uns unklar ist, ist hier abgesehen worden.

Daß aber *Karl!* nur der Rest von allen den möglichen Aufforderungen, Ermahnungen, Geboten und Verboten sei, die man an einen *Karl* richten kann, wird man im Ernst nicht behaupten wollen. Ein Vokativ ist eben eine abgeschlossene Aeußerung für sich und also ein ungegliederter Satz. Nicht anders steht es bei den Interjektionen. Gewiß sind sie ursprünglich Gefühlsbewegungen, aber sie treten doch als Ausdrucksmittel in die Sprache ein: ich sage *au* nicht bloß, wenn der Schmerz mir gegen meinen Willen einen Laut auspreßt, sondern auch wenn ich, z. B. Kindern gegenüber, einen Schmerz ausdrücken will, den ich gar nicht habe.

Ich glaube also, in Abweichung von Wundt, daß es ursprüngliche, nicht erst durch Degeneration entstandene Sätze giebt, welche nicht zweigliedrig sind, und zwar rechne ich dahin mindestens die Vokative und die Interjektionen. Uebrigens ließe sich wohl auch eine vollständige Einigung hinsichtlich der Wundt'schen Satzdefinition erzielen, nämlich dann, wenn wir uns entschlössen, einen Unterschied zwischen „Aeußerung" und „Satz" zu machen, wie Wechssler S. 17 vorschlägt. Dabei würde ich richtig finden, Aeußerung als den oberen Begriff aufzustellen und den Satz als eine Aeußerung zu definieren, die aus mindestens zwei Gliedern besteht.

2. Attributive und prädikative Sätze.

Auf die Satzdefinition folgen Erörterungen über die Arten der Sätze und die Scheidung der Redeteile. Wundt unterscheidet, ähnlich wie es auch von Sprachforschern geschehen ist: 1) Ausrufungssätze, und zwar a) Gefühlssätze, z. B. *welch eine Wendung durch Gottes*

Fügung, b) Wunsch- oder Befehlssätze, z. B. *komm*; 2) Aussagesätze, d. h. solche Sätze, deren wesentlicher Inhalt Vorstellungen sind, im Gegensatz zu den eben genannten Affektssätzen; 3) Fragesätze. Ich habe vom psychologischen Standpunkt gegen diese Dreiteilung nichts einzuwenden, muß aber hervorheben, daß für den Grammatiker die eigentlichen Schwierigkeiten immer dann beginnen, wenn er derartige Schemata auf einen bestimmten Fall anzuwenden versucht. Nehmen wir z. B. an, jemand wolle die Satzarten im Sanskrit oder Griechischen darstellen, so käme er sofort bei den Wunsch- oder Befehlssätzen in Verlegenheit, die nach Wundt einen Imperativ enthalten. Es entsteht nämlich die Frage, wie es mit den Optativen, Konjunktiven und Injunktiven gehalten werden soll. Alle drei Modi kommen auch in Aussagesätzen vor. Soll man sie nun teilen, und wo soll man im einzelnen Falle den Schnitt machen? Ich halte diese Schwierigkeit für unüberwindlich und würde es daher vorziehen, Indikativ-, Konjunktiv-, Optativsätze u. s. w. zu unterscheiden, und innerhalb dieser Hauptabteilungen Frage- und Nichtfragesätze zu sondern, oder umgekehrt den letzteren Gesichtspunkt zum Haupteinteilungsgrund zu machen. Im übrigen will ich auf die Wundt'sche Darstellung nicht näher eingehen, weil ich vermeiden möchte, zu viel von dem zu wiederholen, was ich in dem dritten i. J. 1900 erschienenen Teile meiner Vergleichenden Syntax ausgeführt habe. Nur auf einen wichtigen Punkt, nämlich Wundt's attributive Sätze, gehe ich ein.

Soviel ich sehe, bezeichnet Wundt als attributive Sätze alle einfachen Sätze ohne Verbum, welche neben einem Substantivum ein Attributivum enthalten. Es sind aber unter dieser Definition in der That zwei Arten von Sätzen zusammengefaßt, welche ihrem innersten Wesen nach verschieden sind. Die erste entspricht oben (S. 143) erwähnten Aeußerungen wie „*ein Hase!*“. Wenn hiezu noch ein Adjektivum käme, also etwa *ein weißer Hase!*, so wäre durch diese Hinzufügung offenbar die Gliederung des Satzes nicht verändert, sondern nur eine ausführlichere Bezeichnung des Substantivums eingetreten. Der Satz, mag man ihn nun als den Rest eines vollständigeren, oder als eine von Anfang an abgeschlossene Aeußerung betrachten, würde stets eingliedrig bleiben. Der Ersatz des Wortes *Hase* durch *weißer Hase* ist für den Satz ebenso gleichgültig, wie der Ersatz des Wortes *weißes Pferd* durch das Wort *Schimmel* sein würde. Ganz anderer Art aber sind Sätze, wie *Selig der Mann (der die Prüfung bestanden)*, *Lumpenhunde die Reiter* (in Goethe's Götz) u. ähnl. Diese Sätze sind deutlich zweigliedrig, insofern das eine Wort dazu dient, von dem anderen etwas auszusagen. Daß für unser deutsches Sprachgefühl ein Unterschied zwischen den beiden Satzarten deutlich empfunden wird, zeigt ja auch der Umstand, daß in dem einen Falle die attributive, in dem anderen die prädikative Form des Adjektivums gewählt wird. Wir sagen *ein schönes Mädchen!*, aber (wenn auch nur in einer bestimmten Stilart) *wie schön dieses Mädchen!*[1]) Ich berücksichtige im Folgenden nur diese letztere Art von Sätzen, indem ich hinsichtlich ihrer die Frage stelle, wie sie sich von den prädikativen unterscheiden und ob man sie mit Recht attributiv nennen kann. Zunächst stelle ich fest, daß in Bezug auf die geschichtliche Auffassung der beiden Satztypen *selig der Mann!* und *der Mann ist selig* zwischen Wundt und mir eine Meinungs-

1) In dem Goethe'schen *Keine Luft von keiner Seite! Todesstille fürchterlich!* ist fürchterlich nicht prädikativ, sondern nachgestelltes Attributivum, wie in *Röslein rot.*

verschiedenheit nicht besteht. Zuerst Lugebil hat meines Wissens ausgeführt (Jagić, Archiv für slavische Philologie 8, 36 ff., Berlin 1884), daß man nicht recht thue, in Sätzen wie *omnia praeclara rara* von einer Ellipse der Copula zu reden, vielmehr sei ein solcher Satz Vertreter eines uralten verb-losen Typus. Ich habe mich dieser Auffassung angeschlossen (Vergl. Synt. 3, 121), und Wundt ist derselben Meinung (S. 270). Höchstens insofern findet sich ein Unterschied, als Wundt die Ellipse überhaupt verwirft, während ich sie für gewisse Sprachstufen nicht leugnen möchte. Indessen darauf kommt es nicht an. Auch in Bezug auf die Entstehung der Copula sind wir derselben Ansicht. In einem Satze wie *die Rose ist rot* war *ist* von vornherein ein Verbum mit anschaulicher Bedeutung, wenn wir diese auch für *sein* nicht mit Sicherheit feststellen können. Es genügt aber für unseren Fall, daß *sein* so viel wie *vorhanden sein* bedeutete (also: *die Rose ist vorhanden als rote*, so daß also das Eigenschaftswort zu dem Substantivum gehörte). Man kann sich diesen alten Zustand an Wendungen wie *er liegt krank* veranschaulichen. Das sogenannte Herabsinken des Verbums zur Copula wurde nun dadurch herbeigeführt, daß der Nachdruck des Sinnes auf das Adjektivum rückte, so daß es auf den Vorstellungsinhalt des Verbums nicht mehr ankam und dieser sich allmählich ganz verflüchtigte. War so das Verbum zum Formwort geworden, so konnte es leicht auch in die Nominalsätze eindringen, in denen es ursprünglich nicht vorhanden war. Bis hierher besteht, wie gesagt, eine Meinungsverschiedenheit nicht. Es fragt sich aber, wie man sich zu Wundt's Ansicht über die innerliche Verschiedenheit der beiden Satzarten zu stellen hat. Seine Worte hierüber lauten: „Eine unmittelbare attributive Verbindung genügt vollkommen, um den Gedankeninhalt eines attributiven Satzes auszudrücken. Die Copula fügt in Wahrheit nicht den geringsten realen Inhalt zu dem Satze hinzu: sie hat ganz ausschließlich eine formale Funktion, das ist eben die, den ursprünglich attributiven Ausdruck in einen prädikativen umzuwandeln. Dabei kann dieser aber doch immer nur in seiner äußeren Form prädikativ werden; seinem Gehalte nach bleibt er attributiv" (S. 270). Hier kann ich nicht folgen. Nach meiner Meinung sind die beiden Sätze *Lumpenhunde die Reiter* und *Lumpenhunde sind die Reiter* ihrer inneren Beschaffenheit nach ganz gleich. In beiden Fällen liegt eine Gesamtvorstellung vor, welche sich in Teile, den Gegenstand und die Aussage gliedert. Auch die logische Beziehung zwischen den Gliedern ist genau dieselbe. Der Unterschied ist nur, daß die Beziehung in dem einen Falle durch die Betonung, in dem anderen durch ein Formwort sprachlich ausgedrückt wird. Ich würde es unter diesen Umständen für praktisch halten, den Ausdruck attributiv dem Falle vorzubehalten, wo ein Adjektivum einen Teil der Benennung eines Gegenstandes bildet, z. B. *der grüne Baum*, dagegen den Gebrauch in *grün der Baum* nach wie vor prädikativ zu nennen. Die attributiven Sätze Wundt's würden vielleicht passend als nominale Sätze bezeichnet werden.

3. Die Gliederung des Satzes.

Bekanntlich hat G. v. d. Gabelentz für die zuerst in das Bewußtsein tretende Vorstellung ohne Rücksicht auf die grammatische Form, in welcher sie erscheint, die Bezeichnung psychologisches Subjekt, und als Ergänzung psychologisches Prädikat vorgeschlagen, womit er vielfach, z. B. bei

Paul, Anklang gefunden hat. Es freut mich, zu sehen, daß Wundt diese Ausdrucksweise, die mir immer verwirrend erschienen ist, ablehnt (S. 259 ff.). In der That wäre es besser, für das psychologische Subjekt den Ausdruck „dominierende Vorstellung“ zu gebrauchen.

Sachlich ist an dieser Stelle noch einmal auf die Frage zurückzukommen, ob denn wirklich alle Satzteile auf der Zerlegung einer Gesamtvorstellung beruhen. Im ganzen wird es ja richtig sein, daß dem Sprechenden, ehe und sobald er einen Satz anfängt, bereits der ganze Satz in der Hauptsache vorschwebt. Aber es kommen doch auch andere Fälle vor. Während ich einen Satz ausspreche, kann mir in Anknüpfung an ein einzelnes Wort noch etwas einfallen, das ich nun hinzufüge, obgleich es in der Gesamtvorstellung noch nicht vorhanden war. Ich habe z. B. sagen wollen *NN ist ein treuer Freund*, füge aber nachträglich zu *treu* noch *aufrichtig*, *gewissenhaft*, *aufopfernd* und ähnliche Eigenschaftswörter hinzu. Eine solche associative Erweiterung wird sich besonders häufig bei Attributiven einstellen, ist aber natürlich auch bei anderen Satzteilen nicht ausgeschlossen. Wundt handelt über diesen Gegenstand S. 309 ff. unter der Ueberschrift „Geschlossene und offene Wortverbindungen“.

Nicht so einfach steht es mit gewissen Fragen, die sich an die in den Grammatiken geläufige Einteilung der einfachen Sätze in „nackte“ und „bekleidete“ oder „erweiterte“ anschließen. Seit lange (ich weiß nicht, seit wann) wird in der deutschen Grammatik gelehrt, daß ein nackter Satz wie *die Sonne scheint* die ursprünglichste Satzform darstelle und daß die Erweiterungen in einem bekleideten Satze wie z. B. *die helle Sonne bescheint die erfrischten Fluren* ihrerseits aus nackten Sätzen hervorgegangen sind. So sind z. B. nach Heyse's deutscher Grammatik 2, 28 die Erweiterungen des angeführten bekleideten Satzes zurückzuführen auf die Sätze *die Sonne ist hell*, *die Fluren werden beschienen*. Zur Begründung pflegt man sich nicht etwa auf die Thatsache zu berufen, daß gewisse Adjektiva den Wert eines Satzes haben können, z. B. *gesund* in dem Satze *ein gesundes Kind schläft ruhig*, sondern man bezieht sich auf die Lehre, daß unser gesamtes Denken in Urteilen vor sich gehe. Ausdrücklich wird deshalb auch von Heyse gelehrt, daß nicht etwa bloß eine gewisse Art von Attribuierung, sondern alle Attribuierung auf Prädicierung zurückzuführen sei. So wird z. B. 1, 377 *das grüne Laub* aus *das Laub ist grün* abgeleitet. Auf denselben Pfaden finden wir nun auch Wundt S. 317 ff., der, nachdem er einfache Sätze wie *der Blitz leuchtet*, *der Donner rollt*, *das Schiff versank* angeführt hat, so fortfährt: „Eine erweiterte Gestalt gewinnt die prädikative Satzform, wenn die beiden Hauptglieder des Satzes, Subjekt und Prädikat, jedes für sich abermals dual gegliedert werden, so daß jedes von ihnen, sobald man es aus dem Satze löst und unter dem Gesichtspunkte des prädikativen Verhältnisses betrachtet, wiederum als einfacher prädicierender Satz erscheint, der sich aber durch Wegfallen der Copula und unter Umständen durch Aenderungen der Wortformen dem dominierenden Subjekts- und Prädikatsverhältnisse unterordnet." So zerlege sich in dem regelmäßig binär aufgebauten Satze das Subjekt in das eigentliche Subjekt und sein Attribut, das Prädikat in das Verbum und das nähere Objekt. Sei dann etwa noch ein entfernteres Objekt vorhanden, so trete dieses zu jener engeren Verbindung in ein Verhältnis, und so zeige sich überall ein Princip der binären Zerlegung. Als Beispiel wird der Satz *ein redlich denkender Mensch verschmäht die Täuschung* angeführt und behauptet, sein Subjekt schließe zunächst die Aussage in sich *ein Mensch denkt redlich,* dann das so entstehende Prädikat wieder die andere *redlich* (oder *Redliches) wird gedacht,* das Hauptprädikat aber enthalte in verdichteter Form die Aussage *die Täuschung wird verschmäht* (S. 319). Hiernach könnte es scheinen, als stimmten Heyse und Wundt durchaus überein. Sie sind aber doch in einem sehr wichtigen Punkte verschiedener Meinung. Heyse wird sich wohl den nackten Satz wirklich als das geschichtlich frühere Gebilde, den bekleideten aber als später entstanden gedacht haben, bei Wundt aber kann von einer solchen Vorstellung, wenn anders die „Zerlegung einer Gesamtvorstellung" ernst genommen werden soll, nicht die Rede sein. Und in der That weist er sie auch mit ausdrücklichen Worten zurück, indem er S. 319 sagt: „Hiermit darf nun aber keineswegs die Vorstellung verbunden werden, die attributiven, objektiven, adverbialen Verbindungen seien auch psychologisch nichts anderes als prädikative Verhältnisse, oder sie seien gar thatsächlich aus den letzteren hervorgegangen. Vielmehr ist nicht zu übersehen, daß diese Untergliederungen des Satzes nur in ihrer Verbindung mit dem Hauptprädikatsverhältnis Wirklichkeit besitzen, und daß sie in unmittelbarem Anschluß an dieses, nicht außerhalb desselben entstanden sind. Demnach faßt sie auch das wirkliche Denken nie anders als in dieser Verbindung auf, und jene logische Betrachtungsweise wird immer erst durch eine nachherige Abstraktion möglich." Ein sprachwissenschaftlich geschulter Leser wird diese Erklärung mit Befriedigung vernehmen, dann aber naturgemäß weiter fragen, wodurch man denn überhaupt veranlaßt wird, eine derartige Betrachtungsweise auf den Satz anzuwenden. Darauf antwortet Wundt S. 320, daß die den Satz beherrschende prädikative Gliederung in der Sprache gewisse sichtbare Wirkungen ausübe. Eine solche Wirkung zeige sich in der (wenigstens äußerlichen) Verwandlung der attributiven Satzform in die prädikative. Ich kann ihm aber, wie S. 149 ausgeführt ist, nicht beistimmen, da ich annehme, daß die attributive Satzform von Anfang an zweigliedrig war, also nicht durch irgend eine Einwirkung zweigliedrig gemacht zu werden brauchte. Ebensowenig kann ich die andere Wirkung anerkennen, die sich darin zeigen soll, daß „das Princip der binären Zerlegung auch die Untergliederungen derart beeinflußt, daß es in dem Satzbau einer von der prädicierenden Funktion beherrschten Sprache für diese [nämlich die Untergliederungen] ebenfalls die Vorherrschaft gewinnt“. Es mag ja sein, daß die „Untergliederungen“ oft aus zwei Teilen bestehen, z. B. ein Substantivum nicht selten ein Adjektiv und einen abhängigen Genetiv neben sich hat, aber ich sehe nicht ein, wie so hierbei das Vorbild von Subjekt und Prädikat wirksam gewesen sein soll. In einem Satze wie *er übergab dem Boten die Briefe* liegt ein Prädikatsverbum vor, das zu zwei Substantivbegriffen deshalb in Beziehung steht, weil der thatsächliche Vorgang eben ohne die drei Substantiva *er*, *Bote* und *Brief* nicht vollständig aufgefaßt und mitgeteilt werden kann. Wie sollte je der natürliche Mensch dahin kommen, diesen thatsächlich unzerreißbaren Vorgang durch die zwei Sätze *er übergab die Briefe* und *etwas wurde dem Boten übergeben* zu verdeutlichen oder vielmehr undeutlicher zu machen? Und welchen Zweck kann eigentlich der Grammatiker verfolgen, wenn er diese Operation vornimmt? Ich bin demnach der Meinung, daß dieses ganze Princip der fortgesetzten binären

Zerlegung, von dem Wundt auch in seinem Grundriß S. 313 redet, durch die sprachlichen Thatsachen nicht empfohlen wird.

Achtes Kapitel.

Der Bedeutungswandel. Rückblick.

Da wir, abgesehen von wenigen besonderen Fällen, einen Zusammenhang zwischen Laut und Bedeutung der Worte nicht empfinden, so stellen wir als ersten Grundsatz auf, daß der Bedeutungswandel sich unabhängig von den Schicksalen der Laute vollzieht. Diesen Grundsatz nimmt natürlich auch Wundt an, macht aber in Bezug auf gewisse als korrelativer Bedeutungswandel zusammengefaßte Erscheinungen, die wir unter den Begriff der Differenzierung bringen (so Paul S. 229 ff.), eine Ausnahme. Um deutlich zu machen, um was es sich handelt, bespreche ich zwei Fälle, nämlich die Paare *Knabe*, *Rabe* — *Knappe*, *Rappe* einerseits und *Wort*, *Wörter*, *Worte* andererseits. Die Doppelform *Knabe* — *Knappe* erklärt man sich folgendermaßen: Im Urgermanischen hieß der Nominativ **knaƀō*, der Akkusativ Sing. **knaƀonun*, der Genitiv Plur. **knaƀnōn*. Nun trat im Westgermanischen nach einem Gesetze, welches nicht bloß für *n*, sondern auch für *m*, *l*, *r*, *j*, *w* gilt, vor *n* Verdoppelung des Konsonanten ein, also **knaƀƀnōn*, **knabbnōn*. So entstanden in dem Worte *Knabe* einige Kasus mit *b*, andere mit *bb*, und diese Verschiedenheit wurde derartig ausgeglichen, daß sich zwei Paradigmen ergaben, das eine, in dem alle Kasus *b*, das andere, indem sie alle *bb* (*pp*) hatten (Streitberg, Urgermanische Grammatik S. 151). So sind *Knabe* und *Knappe*, *Rabe* und *Rappe* naturgemäß von Anfang an völlig gleichbedeutend, und in der That finden wir auch den bekannten Vogel im Mittelhochdeutschen *raben*, *rabe*, *rab* oder *rappe*, *rapp* genannt, wobei die Form mit *pp* die häufigere ist. Bei uns ist diese nun bekanntlich auf ein schwarzes Pferd übertragen, und es fragt sich, wie die Formen- und Bedeutungsscheidung zu erklären ist. Nach Wundt ist eine Verbindung von *Rappe* mit einem Worte wie *trappeln* im Spiele: „Nachdem sich erst beide Aussprachen in gemischter Bedeutung aus verschiedenen Dialekten über ein gemeinsames Sprachgebiet verbreitet hatten, konnte hier leicht eine Wirkung sekundärer Onomatopöie eintreten. Durch *Rabe* mochte der krächzende Ruf des Vogels, durch *Rappe* der Hufschlag des Rosses leichter assimiliert werden" (2, 436). Anders die Philologen. Sie stellen fest, daß *Rappe* als Pferd bis jetzt zuerst im 16. Jahrhundert in Oberdeutschland nachgewiesen ist und sich von dort aus allgemein verbreitet hat, auch in die Gegenden, wo der Vogel nicht *Rappe*, sondern *Rabe* hieß und heißt, „so daß in solchen der Zusammenhang zwischen den beiden Worten nicht gefühlt wird" (M. Heyne im Grimm'schen Wörterbuch). Hiernach lag also für das Gebiet der Schriftsprache die Notwendigkeit einer Differenzierung überhaupt nicht vor, sondern hier gab es ein Wort *Rabe* und ohne Zusammenhang damit ein späteres durch den Verkehr mit Oberdeutschland eingeführtes Wort *Rappe*, das nicht die Sprechenden, sondern nur die Sprachgelehrten mit *Rabe* in einen Zusammenhang bringen. Man kann noch fragen, warum denn in jenem oberdeutschen Dialekte das Pferd nicht *Rabe* genannt wurde. Hier nun setzt das ein, was die Philologen gelegentlich historischen Zufall nennen. Die Uebertragung auf das Pferd fand in einem Dialekte statt, der für den Vogel ganz vorwiegend die Form *Rappe* gebrauchte, und nur aus diesem Grunde heißt es nicht *Rabe*. Für diesen Dialekt aber kann man die Wundt'sche Auffassung nicht zugeben. Denn wie sollten Menschen, welche den Vogel ganz gewöhnlich *Rappe* nannten und etwa auch noch eine Münze mit dem Vogelkopf so bezeichneten, darauf kommen, mit *pp* das Getrappel der Hufe zu associieren? Man sieht hieraus zugleich, wie harmlos der Ausdruck Zufall ist. Wer ihn gebraucht, behauptet damit nicht, daß das Kausalitätsgesetz in diesem Falle durchbrochen sei, sondern nur, daß ein innerer sprachlicher Grund für die Wahl der Form *Rappe* nicht vorhanden sei. — Ueber *Worte*, *Wörter* sagt Wundt S. 435: „Es ist augenfällig, daß wir bei den Doppelformen *Orte*, *Oerter*, *Worte*, *Wörter*, *Bande*, *Bänder* u. s. w. die jüngere mit dem Umlaut behaftete Form (*Oerter*, *Wörter*, *Bänder*) anwenden, wo es sich um die Betonung v i e l e r e i n z e l n e r Objekte handelt, daß wir uns dagegen der älteren mit dem Singular übereinstimmenden Form (*Orte*, *Worte*, *Bande*) bedienen, um die Vielheit wieder zu einer Einheit zusammenzufassen. Es ist aber klar, daß diese Vorstellung der kollektiven Einheit durch die lautliche Association mit der Singularform auch begrifflich gehoben wird. Wäre es der reine Zufall, der die Spaltung der Bedeutungen bewirkte, so würde schwer begreiflich sein, daß in allen einzelnen Fällen, wo sich solche doppelte Pluralformen erhalten haben, die Spaltung im gleichen Sinne den Lautformen gefolgt ist." Zum geschichtlichen Verständnis[1]) ist zu bemerken, daß

1) Ich beziehe mich im folgenden wesentlich auf die treffliche Schrift von Bojunga über die Entwickelung der neuhochdeutschen Sub-

im Urgermanischen bei der *o*-Deklination, welche hier wesentlich in Betracht kommt, sich der Nominativ Sing. und Plur. des Neutrums ebenso unterschieden, wie im Lateinischen *verbom* und *verba*, daß im Gotischen das *om* lautgesetzlich verschwunden ist, so daß die beiden Formen dort *vaurd* und *vaurda* lauten, im Althochdeutschen aber auch das *a* lautgesetzlich abhanden kam, so daß beide Formen *wort* heißen. Nur bei einer kleinen Zahl ursprünglicher *s*-Stämme entwickelte sich auf merkwürdige Weise ein Pluralzeichen. Es gab nämlich Wörter wie lat. *genos,* Plur. *genera*, welche in der Endung das ursprüngliche *os* und *a* einbüßten, so daß z. B. *lamb, lembir* „Lamm, Lämmer" entstand. Indem nun im Genitiv und Dativ des Singular das *ir* durch Ausgleichung verschwand, blieb dieses nur im Plural und wurde infolgedessen als Pluralzeichen empfunden. War diese Empfindung einmal fest geworden, so konnte ein Plural auf *ir* auch von Wörtern gebildet werden, die nicht der *s*-Deklination angehörten. Der Plural auf *ir* findet sich im Althochdeutschen regelmäßig bei *Lamm, Kalb*, *Huhn*, *Rind*, *Ei, Reis*, *Blatt*, schwankend und vereinzelt bei einigen anderen, z. B. *Rad*, *Grab, Holz*, *Loch*, *Band*, *Feld.* Die große Masse der Neutra aber unterschied den Plural im Nom. Akk. nicht vom Singular. Nicht viel anders war es im Mittelhochdeutschen, wo nicht selten bei einem Wort der unbezeichnete und der *ir*-Plural nebeneinander erscheinen, z. B. *Dorf*, *Horn*, *Kleid*, *Weib.* Hier beginnt sich nun auch der Plural auf *e* in Anlehnung an die Maskulina zu entwickeln, der im Neuhochdeutschen langsam die Herrschaft erlangt hat. Die Entwickelung läßt sich also dahin zusammenfassen, daß auf die durch

stantivdeklination, welche leider vergriffen ist. Eine zweite Bearbeitung wäre sehr zu wünschen.

ihre Unbezeichnetheit auffallende Pluralform von zwei Seiten eine Einwirkung geübt wurde, nämlich von den Pluralen der Neutra auf *ir* und der Maskulina auf *e*. Warum nun eine Reihe von Worten der einen, eine andere der anderen Anziehung folgte, läßt sich nur ungenügend entscheiden. Wir sehen, daß Worte auf *er* wie *Heer* ungern den *er*-Plural bilden, ferner daß einzelne Dialekte, wie der bayrische, die *er*-Plurale lieben, endlich — was wohl die Hauptsache ist — scheint mir, daß bei dem *er*-Plural die Wörter ihrer Bedeutung nach sich in eine Kette reihen, so daß immer eins an das andere sich anschließt, während bei den *e*-Pluralen das grammatische Gefühl, wonach der Plural von dem Singular zu scheiden ist, die Hauptrolle gespielt haben dürfte. Es ist unter diesen Umständen nicht auffallend, daß wir manche Wörter einer doppelten Einwirkung unterliegen sehen, so daß Plurale auf *er* und *e* nebeneinander stehen. Dabei war zunächst ein Unterschied des Gebrauchs nicht vorhanden (vergl. z. B. hinsichtlich *Lande* und *Länder* das Grimm'sche Wörterbuch VI, Sp. 91). Dagegen ist in der höheren Schrift- und Umgangssprache ein solcher meist gemacht worden, und zwar so, daß bei der *er*-Form der Gedanke der mehreren konkreten Einzelwesen besonders hervortritt (*Wörter, Länder, Bänder*), während bei der *e*-Form sich entweder eine kollektive Anschauung zeigt (*Worte, Lande*, z. B. *die preußischen Lande* als Einheit der unter der preußischen Krone vereinigten Länder), oder eine übertragene, z. B. *Bande* (Freundschaftsbande u. ähnl.), *Dinge* gegen *Dinger* (wobei *Dinge* zwar auch konkret sein kann, aber jedenfalls nicht in Beziehung auf Menschen gebraucht wird, während man nur sagen kann: *die armen Dinger*), *Gesichte* (*die Fülle der Gesichte* im Faust, gegenüber den *unerträglichen Gesichtern*). Damit hängt denn auch zusammen, daß die Formen auf *e* dem höheren Stil zukommen, so sagt z. B. Hölderlin: *doch auch die Thale sind heilig;* auch *Gastmahle* und *Denkmale* scheiden sich wohl so von *Gastmählern* und *Denkmälern.* Uebrigens gehen diese Unterscheidungen nicht rein durch. So brauchen wir *Lichte* von den Kerzen, während Goethe sagt: *gewöhnlich gingen mir unterm Sprechen neue Lichter auf und ich erfand im Fluſs der Rede am gewissesten.* Ich glaube hiernach, daß mit der Form auf *e* ein gleichbleibender Sinn in der Sprachempfindung nicht verbunden wird, so daß man also auch nicht annehmen kann, er sei mit dem Singular besonders nahe associiert; vielmehr scheint mir nur festzustehen, daß man sich bei den Pluralen auf *er* gern Einzeldinge vorstellte, was in der Bedeutung der Worte, bei denen dieser Plural ursprünglich heimisch war, seinen Grund hat. Wo man nun das Bedürfnis empfand, gerade dieses nicht auszudrücken, wählte man den anderen Plural.

Aus dieser Darstellung folgt, daß die beiden Vorgänge, welche hier als Belege für den sogenannten korrelativen Bedeutungswandel vorgeführt worden sind, innerhalb der deutschen Schriftsprache nichts miteinander gemein haben. Berücksichtigt man bei *Rabe — Rappe* nur das, was innerhalb des oberdeutschen Dialektes geschehen ist, so kann man als das Gemeinsame der beiden Vorgänge das hinstellen, daß eine Auslese unter vorhandenen Doppelformen stattgefunden hat, während eine Art von Beziehung zwischen Laut und Bedeutung sich nur bei *Wörter*, nicht bei *Rappe* ergeben hat. Da es sich nun bei den anderen von Wundt erwähnten Fällen ebenso verhält, halte ich es für richtig, derartiges nach wie vor unter der Rubrik „Auslese“ oder „Differenzierung“ zu behandeln, von einer Rubrik „korrelativer Bedeutungswandel“ aber abzusehen.

Indem ich danach auch in diesem Falle verfahre, ziehe ich nur den von Wundt als selbständig bezeichneten Bedeutungswandel in Betracht. Diesen zerlegt er in regulären und singulären. Der reguläre Bedeutungswandel Wundt's nun deckt sich etwa mit dem, was Paul S. 67 ff. unter der Ueberschrift „Wandel der Wortbedeutung“ erörtert. Es sei gestattet, hier an diese Erörterungen anzuknüpfen. Paul zieht zunächst seiner Gewohnheit gemäß das Verhalten des Einzelnen in Betracht. Der Einzelne nun gebraucht ein Wort oft okkasionell in anderer Bedeutung als der usuellen. Die okkasionelle ist häufig konkret, d. h. in diesem Falle, es wird ein reales Einzelnes bezeichnet, das an bestimmte Schranken des Raumes und der Zeit gebunden ist. So verstehen die Angehörigen einer Familie unter „Vater“ und „Mutter“ ganz bestimmte Persönlichkeiten, die Bewohner oder Umwohner einer Stadt unter „Stadt“ nur diese und keine andere. Gewiß sind manche Wörter an sich konkret zu nennen, z. B. die Pronomina, die zur Orientierung in der gegebenen Welt dienen, aber sie sind doch nicht in dem hier gemeinten Sinne konkret. Wörter wie *ich*, *heute*, *jetzt* sind „an sich ohne bestimmten Inhalt, und es müssen erst individualisierende Momente hinzukommen, ihnen einen solchen zu geben“. Ferner kann die usuelle Bedeutung mehrfach sein, die okkasionelle aber einfach. Das Wort *Blatt* z. B. hat usuell eine so weite Bedeutung, daß es ebensowohl mit Beziehung auf Bäume wie auf Bücher oder Zeitungen gebraucht werden kann, okkasionell aber hat es im Walde, im Buchladen oder im Kaffeehause nur je eine einfache Bedeutung. In den genannten Fällen zeichnet sich die okkasionelle Bedeutung vor der usuellen dadurch aus, daß sie an Umfang ärmer, an Inhalt aber reicher ist, es kann aber auch geschehen, daß die usuelle Bedeutung nur okkasionell benutzt wird. Wenn ich von jemand sage *er ist ein Schwein*, so will ich damit nicht behaupten, daß er alle Eigenschaften, z. B. auch die Vierbeinigkeit mit dem Schwein teilt, sondern nur, daß er in einer Eigenschaft, der Unflätigkeit, ein Schwein ist. Endlich giebt es noch eine dritte Möglichkeit, wie ein Wort über die Schranken seiner Bedeutung hinausgreifen kann. „Diese besteht darin, daß etwas, was mit dem usuellen Bedeutungsinhalt nach allgemeiner Erfahrung räumlich oder zeitlich oder kausal verknüpft ist, unter dem Worte mitverstanden oder auch allein darunter verstanden wird" (S. 76). Dahin gehört die aus der lateinischen Stilistik bekannte Figur pars pro toto u. ähnl. Diese individuellen Abweichungen erlangen nun dadurch Wichtigkeit, daß sie sich weiter und weiter ausbreiten, d. h., in Paul's Sprache ausgedrückt, usuell werden können. Es ergeben sich also auch für die Einteilung des Bedeutungswandels innerhalb einer Sprachgemeinschaft die gleichen Kategorieen, nämlich: 1) Eine Bedeutung kann sich durch Verengung des Umfanges und Bereicherung des Inhaltes specialisieren. So bedeutet z. B. *Schirm* an sich und usuell jeden schirmenden Gegenstand, ist aber durch Ausbreitung okkasioneller Verengung auf das zur Abwehr des Regens oder der Sonnenstrahlen bestimmte Ding specialisiert worden, während die Verwendung des einfachen Wortes *Schirm* im Sinne von *Lampenschirm* oder *Ofenschirm* okkasionell geblieben ist. 2) Eine Bedeutung wird auf einen Teil ihres ursprünglichen Vorstellungsinhaltes beschränkt, womit also eine Erweiterung des Umfanges verbunden ist. So bedeutet z. B. *fertig* ursprünglich „zu einer Fahrt, einem Unternehmen gehörig, dazu gerüstet". Jetzt ist aber die Beziehung auf das Unternehmen vergessen und nur der Gedanke an die Vorbereitungen übrig geblieben, so daß es so viel wie „abgeschlossen" bedeuten kann. Eine solche Erweiterung tritt namentlich auch dann ein, wenn ein Wort von seiner ursprünglichen syntaktischen Verbindung aus auf andere ähnliche Verbindungen übertragen wird. So bedeutete *ohngefähr* (*ungefähr*) ursprünglich „ohne feindselige Absicht". So können wir es noch fassen, wenn es bei Luther heißt: *wenn er ihn ohngefähr stößt ohne Feindschaft*, aber nicht mehr, wenn *ohngefähr* in Nachahmung solcher Wendungen auch mit anderen Verben verbunden wird, z. B. *es begab sich ohngefähr* (S. 84). Das Gleiche geschieht in einer Zusammensetzung wie *Apfelwein*, wo *Wein* nur in einem Teile seines Vorstellungsinhaltes verstanden werden kann. Die beiden genannten Vorgänge finden sich sehr oft an einem Worte vereinigt. Wenn wir z. B. sagen *dieses Pferd ist ein Fuchs*, so wird *Fuchs* fast wie das Adjektivum *rot* verwendet, hat also einen Teil seines Inhaltes verloren und seinen Umfang erweitert (zweiter Vorgang); indem aber dabei ein neuer Vorstellungsinhalt hinzutritt, nämlich der des Pferdes, hat in *Fuchs* der erste Vorgang, die Verengerung des Begriffes und Erweiterung seines Inhaltes stattgefunden. Indem so ein Teil des Bedeutungsinhaltes eines Wortes schwindet und ein neues Moment darin aufgenommen wird, entsteht das, was man eine Metapher nennt, worüber S. 86f. eine nützliche Uebersicht gegeben wird. Es gehören dahin Uebertragungen, wobei die Aehnlichkeit der äußeren Gestalt das Maßgebende ist, z. B. *Nase*, von einem Berge gesagt, oder die Aehnlichkeit der Funktion, z. B. *Horn* als Blasinstrument, auch wenn es aus Metall verfertigt ist; die für räumliche Anschauungen geschaffenen Ausdrücke werden auf Zeitliches übertragen, z. B. *lang*, *Mal* (ursprünglich ein sich abhebender Fleck); die Verhältnisse und Vorgänge im Raume werden auf Unräumliches, Seelisches übertragen, z. B. *etwas geht mir durch den Kopf, fällt mir ein, liegt mir am Herzen*; es findet Uebertragung von einem Sinnesgebiet auf andere statt, z. B. *süſs* auch vom Geruch und Ton, *hell* vom Gehör auf das Gesicht übertragen, u. s. w. 3) Als Beispiel für die dritte Hauptart des Bedeutungswandels, welche entsteht, indem in ein Wort dasjenige als Bedeutung hineinkommt, was mit ihm räumlich oder kausal verknüpft wird, mag *Segel* im Sinne von *Schiff* dienen, was man sich zuerst von jemand gebraucht denken mag, der auf dem Meere ein Segel auftauchen sieht und sich natürlich auch das zugehörige Schiff dabei denkt. So bezeichnen wir einen Gasthof als *der Bär* u. ähnl. Ferner gehört dahin, wenn *Zunge* das durch sie Hervorgebrachte, also die Sprache bezeichnet, aber auch wenn abstrakte Substantiva, die von Adjektivis abgeleitet sind, auf eine Persönlichkeit umgedeutet werden, z. B. *eine Schönheit*, oder wenn Handlungswörter etwas Ruhendes, Dinghaftes bezeichnen, z. B. *Schonung*.

Die Paul'sche Einteilung, welche hiermit in ihren wesentlichen Stücken zur Darstellung gebracht ist, ruht, soweit es die beiden ersten Hauptarten des Bedeutungswandels angeht, auf der Auffassung des Begriffes als „Allgemeinbegriff". Dagegen aber erheben sich praktische und theoretische Bedenken. Bei der rein praktischen Behandlung der Sache fragt man naturgemäß, welche Menschen sich denn eigentlich im Besitz dieser Allgemeinbegriffe befinden, erhält aber keine befriedigende Antwort. Die lernende Generation ist es nach Paul's Ausführung

S. 78 nicht. Das Kind lernt nur okkasionelle Verwendungen der Wörter kennen, und bei ihm vollziehen sich die „Uebertragungen“ einfach dadurch, daß Identifikationen solcher Vorstellungen stattfinden, welche an sich nicht identisch sind, sondern sich nur teilweise decken. So sind es also wohl die Erwachsenen? Das ist in der That Paul's Meinung. Denn er spricht S. 79 von der älteren Generation, die den Usus schon vollkommen beherrscht. Thatsächlich wird aber die Zahl der Leute, die solchen Anforderungen entsprechen, wohl in jeder Sprachgenossenschaft sehr gering sein. Die theoretischen Bedenken werden von Wundt S. 442 betont, wo er von den Versuchen logischer Klassifikation redet. Was nützen — so kann man mit ihm fragen — solche Einteilungen nach logischen Kategorieen? Sie können wohl eine Uebersicht über die Erscheinungen geben helfen, aber sie erklären nichts. Wenn Paul davon spricht, daß der Begriff sich durch Hinzuthun oder Wegnehmen von Merkmalen in seinem Umfange verengert oder erweitert, so ist das nur eine Schematisierung, denn wir erfahren nicht, warum dieses mit den Begriffen geschieht. Sollen wir bei den Menschen einen Trieb nach Verengerung und Erweiterung annehmen? Paul giebt freilich gelegentlich Erklärungen der Einzelvorgänge, z. B. bei *Segel* und *ohngefähr*, diese aber liegen auf einem anderen als dem logischen Gebiete. Es wäre richtig, in der gleichen Art überall zu verfahren und an die Stelle der logischen Einteilung die psychologische zu setzen. Indem Wundt diese Forderung aufstellt, ist für den Kenner seiner Psychologie auch schon der Weg zur Verwirklichung angegeben. Man muß nicht von der Herbart'schen, sondern von der Wundt'schen Auffassung des Begriffes ausgehen, man muß zeigen, wie die Begriffe entstehen und unter welchen

Einwirkungen sich die vorhandenen verändern. Damit sind denn auch zugleich die beiden Teile gegeben, in die sich meine nun folgende Darstellung der Wundt'schen Anschauungen zu gliedern hat.

Unter einem Begriff versteht Wundt, wie man sich erinnert, den letzten isolierbaren Bestandteil eines gegliederten Gedankens. Die so durch Analyse einer Gesamtvorstellung gewonnenen Begriffe ordnen sich nach Art der stattgehabten Analyse in gewisse allgemeine Klassen. Solche Klassen sind die Begriffe von Gegenständen, Eigenschaften, Zuständen[1]. Dazu kommt dann noch, um die sogenannten Redeteile einigermaßen unterzubringen, die allerdings höchst ungenügende Klasse der Beziehung. Ich gehe auf diesen Gegenstand in seinem ganzen Umfang hier nicht ein, sondern bespreche nur die Bezeichnungen von Gegenständen, Eigenschaften und Zuständen in ihrem gegenseitigen Verhältnis. Schon bei der Besprechung der Wurzeln ist hervorgehoben worden, daß Wundt mit Recht an der einst beliebten Zurückführung ganz einfacher uralter Gegenstandsbegriffe auf abstrakte Verbalbegriffe Anstoß nimmt. Nach seiner Meinung spricht vielmehr, wenn sich das auch aus den jetzigen Sprachen nicht mehr nachweisen läßt, die Wahrscheinlichkeit dafür, daß zuerst die Gegenstände benannt wurden. Eine solche Benennung nun geschieht nach allgemeiner Annahme so, daß ein Ding mit mehreren Merkmalen nach einem Merkmal bezeichnet wird. Auch Wundt ist dieser Ansicht, nur daß er den Ausdruck ins Psychologische umschreibt. Man soll sich unter dem Merkmal nichts

1) Unter Zustand versteht Wundt die Kategorie des Verbums, was für die Zwecke der Sprachforschung unpraktisch ist, da wir Zustand in Unterscheidung von Vorgang und Handlung technisch verwenden.

anderes vorstellen als den dominierenden Bestandteil einer Wortvorstellung. Ein Wort bezeichnet also eine zusammengesetzte Vorstellung, innerhalb deren ein Bestandteil im Augenblick der Benennung als der dominierende appercipiert wurde (S. 470). Mit diesem dominierenden Bestandteil verschmilzt zunächst die Benennung am engsten, während andere Bestandteile der Gegenstandsvorstellung nur mehr oder weniger dunkel ins Bewußtsein treten. Dann aber kann sich dies Verhältnis zu Ungunsten der dominierenden Vorstellung ändern, die Etymologie wird vergessen. So ist *Brief* ursprünglich ein *brevis libellus*, dann aber verschwindet das Merkmal der Kürze, und jetzt überwiegt die Vorstellung einer schriftlichen Mitteilung im Verkehr von Person zu Person. So wie mit diesem späten Beispiel ist es nach Wundt auch bei den zahllosen Substantiven gegangen, deren Herkunft vergessen ist und deren dominierendes Merkmal also nicht mehr ermittelt werden kann. Anders liegt es bei den Eigenschafts- und Zustandsbegriffen. Damit sie zustande kommen, ist es nötig, daß sich zusammengesetzte Vorstellungen, welche das gleiche dominierende Merkmal haben, zu einer Reihe verbinden. Gehört das Merkmal zu den gleich bleibenden Bestandteilen der Vorstellungen, so ist es das, was wir eine Eigenschaft der Gegenstände der Reihe nennen; gehört es aber zu den veränderlichen, so entspricht es dem, was wir als einen Zustand (Vorgang würde ich sagen) unterscheiden (S. 476). Soweit Wundt. Mir erscheint an diesen Ausführungen mehreres bedenklich. Ich sehe nicht ein, warum man nicht annehmen sollte, daß ein Gegenstand nach dem Totaleindruck benannt sei. Nehmen wir z. B. an, eine wandernde Horde, deren Aufenthalt seit Menschengedenken die Prairie gewesen ist, erblicke zum ersten Male Schneeberge am

Horizont; ist es nicht möglich, daß unter den Bewegungen des Staunens, die einer oder einige maßgebende Personen vollzogen, sich auch eine Bewegung der Sprachorgane befand, deren Ergebnis sich dauernd mit der Anschauung „Berg“ verband? In einem solchen Falle läge eine Benennung eines Gegenstandes vor und könnte doch von einem dominierenden Merkmal keine Rede sein. Ferner sehe ich nicht ein, warum Verba nicht so alt sein sollten wie Substantiva. Ist es wahrscheinlich, daß man *essen* und andere Verrichtungen des eigenen Körpers nicht ganz früh bezeichnet hätte? Ist es nicht z. B. sehr natürlich, daß man bei angestrengtem Werfen eines Steines einen Laut von sich giebt, der sich mit der Handlung des Werfens associiert?

Indessen meine Phantasie erlahmt an der Aufgabe, sich die Entstehung der ersten Worte anschaulich vorzustellen (namentlich wenn dabei noch die Bedingung besteht, daß man vom Satze ausgeht), und ich gehe deshalb lieber zu dem folgenden Gebiet über, auf dem es eher möglich ist, etwas zu wissen, nämlich zu den psychischen Thatsachen, von denen aus sich die Veränderung der Bedeutungen verstehen läßt. Diese Thatsachen aber sind die apperceptiven und associativen Prozesse. Von den Apperceptionen kann hier abgesehen werden (vergl. S. 577), dagegen bedürfen die Associationen einer Darstellung. Unter den simultanen Associationen — um diese handelt es sich hier — unterscheidet Wundt, wie wir S. 26 gesehen haben, Assimilationen und Komplikationen, je nachdem die Elemente der sich verbindenden Gebilde gleichartig oder ungleichartig sind. Demnach scheidet sich auch der Bedeutungswandel in assimilativen und komplikativen. Bei dem assimilativen hängt die weitere Gliederung von der dominierenden

bezeichnet. Unter Gefühlsassociation versteht er den Vorgang, daß ein Wort von einem Begriff auf einen anderen übertragen wird, dem ein verwandter Gefühlston beiwohnt, ohne daß die Begriffe Vorstellungsbeziehungen darböten, die eine solche Uebertragung verständlich machen würden (2, 528). Wundt rechnet dahin einen Fall wie *elend*, das zunächst „im Auslande befindlich“ und sodann „jämmerlich, schlecht“ bedeutet. Ich sehe aber nicht ein, warum hier die Vorstellungsbeziehungen eine Nebenrolle spielen sollen. In früheren Zeiten war bekanntlich der Aufenthalt im Auslande in vielen Fällen ungemütlicher als jetzt, und man könnte recht wohl von jemand, der dorthin verschlagen war, sagen, daß er sich in einem erbärmlichen Zustande befände. Daß *elend* dann auch auf Sachen übertragen wurde, ist doch gewiß nicht auffallender, als wenn wir jetzt *hübsch,* das im Mittelhochdeutschen nur von Menschen galt und eigentlich „dem Hofe gemäß, fein gebildet und gesittet“ bedeutet, auch von Dingen gebrauchen. Ebensowenig wie bei *elend* kann ich Wundt in der Auffassung solcher Wendungen zustimmen, wie *ich habe ihn furchtbar lieb.* Wundt meint, daß die junge Dame, die so spricht, nichts weiter als einen starken Gefühlston zum Ausdruck bringen wolle, dabei aber ein Wort wähle, welches eigentlich ein Unlustgefühl bezeichne, weil die Sprache gerade an solchen Wörtern reicher sei. Ich gebe zu, daß man im einzelnen Falle wohl diesen Eindruck empfangen kann, aber die ähnlichen Wörter, deren Geschichte wir verfolgen können, empfehlen doch eine andere Auffassung, z. B. *sehr.* Das mittelhochdeutsche *sēre*, das ursprünglich „schmerzlich“ bedeutet, verbindet sich mit Verben, die ein schmerzliches Gefühl ausdrücken, wie *schmerzen, beleidigen, brennen, hassen, weinen, zürnen,* oder auch mit solchen, die einen schmerzlichen Beigeschmack haben, wie *sehnen*, *minnen*. In diesen Verbindungen, wo sein Bedeutungsinhalt kein anderer war als der des Verbums, erschien *sêre* natürlicherweise steigernd, und diese in den genannten Verbindungen erworbene Bedeutung wurde dann auch in Verbindung mit anderen Verben angewendet, z. B. schon im Mittelhochdeutschen bei *helfen*, *rufen*, *klopfen*. Auf eine solche Bedeutungsentwickelung von *sehr*, die ja schon von anderen anerkannt ist, hat übrigens auch Wundt schon S. 505 hingewiesen. Man braucht nun nicht zu fordern, daß *furchtbar*, *entsetzlich* und sonstige Steigerungswörter jedes für sich dieselbe Geschichte durchgemacht haben, es kann sich auch ein Wort an das andere anschließen. Wieder anders steht es mit den Schimpfwörtern, welche als Kosewörter gebraucht werden, was nach Wundt durch Gefühlsassociation erklärt wird. Ich denke, daß man in diesen Fällen den Ton und Gesichtsausdruck nicht vergessen darf. Wenn ich ein Kind als *du kleiner Spitzbube* anrede, so mache ich dabei ein freundliches Gesicht, und schon das Kind schließt daraus, daß ich in diesem Falle das Wort absichtlich zur Erzielung einer bestimmten Wirkung in einem Sinne gebrauche, den es sonst nicht hat. Es bleiben noch einige Wörter, wie *Gunst*, *Tadel*, *Rat*, *Laster*, übrig, hinsichtlich deren es genügt, auf Paul's Wörterbuch zu verweisen, um anschaulich zu machen, daß es auch für sie der Aufstellung einer besonderen Kategorie des Bedeutungswandels nicht bedarf. Ueberall scheint mir in den erwähnten Fällen die Vorstellungsassociation die Hauptsache. Daß bei dieser auch Gefühle mitspielen, ist natürlich, und das Gleiche hätte auch schon in früher erwähnten Fällen beobachtet werden können. Auch für die associativen Verdichtungen (2, 540 ff.) möchte ich eine besondere Kategorie nicht aufstellen. Erscheinungen wie den negativen Sinn von *pas* (auch losgelöst von *ne*) möchte ich mit *sehr* u. ähnl. zusammen zu den syntaktischen Associationen stellen, deren Eigentümlichkeit es ist, daß ein Wort einen Sinn erhält, den es nicht bekommen hätte, wenn es nicht mit einem anderen zusammen sich zu einem mehr oder weniger einheitlichen Vorstellungskomplex verbunden hätte. *Gift* aber und ähnliche Fälle stelle ich, wie ja auch Wundt S. 541 nahelegt, zu den Wörtern, welche durch gewisse kulturelle Einflüsse (hier durch die Gewohnheiten des Apothekergewerbes) eine veränderte Bedeutung erhalten. Ich glaube demnach, daß die beiden kleineren von Wundt aufgestellten Gruppen besser den beiden größeren untergeordnet als neben sie gestellt werden.

Alle bisher behandelten Erscheinungen lassen sich unter gewisse allgemeingiltige psychische Vorgänge unterordnen, so daß man annehmen kann, viele von ihnen hätten an mehreren Stellen des Sprachgebietes, dem sie angehören, gleichzeitig und unabhängig entstehen können, und die Ausbreitung auch derjenigen, die etwa individuell entstanden, sei sozusagen von selbst von statten gegangen, weil sie sich im Strome der gesetzmäßigen psychischen Entwickelung bewegen. Bei einer großen Anzahl darf man zugleich annehmen, daß sie sich allmählich vollziehen. Dagegen giebt es andere, die individuellen Ursprung haben und plötzlich eintreten. Sie bilden den singulären Bedeutungswandel, der sich von dem regulären dadurch unterscheidet, daß die Ursachen, die ihn bestimmen, einem in dieser Kombination nur einmal vorhanden gewesenen Zusammenfluß von Bedingungen ihren Ursprung verdanken (2, 542). Dahin gehören die Namengebung aus singulären Associationen, z. B. *Berliner Blau*, die singulären Namenübertragungen, z. B. *Münze* aus *Moneta* (ursprünglich ein Beiname der Juno, in deren Tempel die römische Münzstätte war), endlich nach der oben gegebenen Auffassung dieses Begriffes auch die Metapher. Es soll hierauf an dieser Stelle nicht näher eingegangen werden.

Wie man aus dieser Uebersicht sieht, wird der Bedeutungswandel bei Wundt durchweg aus associativen Vorgängen erklärt. Innerhalb des regulären Wandels, der den Kern der Vorgänge umfaßt, geschieht auch die weitere Gliederung des Stoffes nach psychologischen Motiven. Es ergiebt sich, um es noch einmal zusammenfassend vorzuführen, das folgende Schema:

I. Assimilativer Wandel
 1) mit gleich bleibender dominierender Vorstellung, z. B. *Bein* (eines Tisches),
 2) mit wechselnder, und zwar
  a) infolge associativer Einflüsse, z. B. *Feder*,
  b) infolge äußerer Wahrnehmungseinflüsse, z. B. *Herzog*.

II. Komplikativer Wandel,
 1) primärer, wobei Uebertragungen von einem Sinnesgebiet auf das andere vorliegen, z. B. *hell*, oder Uebertragungen von Außendingen auf Empfindungen, z. B. *orange*, u. ähnl.
 2) sekundärer, z. B. *begreifen*.

III. Durch Gefühlsassociationen vermittelter Wandel.

IV. Durch associative Verdichtung hervorgerufener.

Soll ich nun auch mein Urteil zusammenfassen, so möchte ich behaupten, daß in der Zurückführung sämmtlicher Bedeutungsübergänge auf Associationen ein entschiedener Fortschritt vorliegt, während gegen die Unterabteilungen einiges einzuwenden ist. Ich habe zu zeigen gesucht, daß sich

III und IV sehr wohl unter I und II aufteilen lassen, so daß nur zwei Klassen übrig bleiben. Es liegt aber auf der Hand, daß auch zwischen diesen eine feste Grenze nicht besteht. So wird z. B. *Gewissensbiſs* von Wundt jedenfalls unter den komplikativen Wandel gerechnet; sobald wir aber uns vorstellen, daß der primitive Mensch, was er doch wohl that, sich einen wirklichen und wahrhaftigen Biß denkt, so liegt assimilativer Wandel vor, und so in unzähligen Fällen. Es wäre deshalb die Frage, ob man sich nicht mit der Erkenntnis beruhigen sollte, daß aller Bedeutungswandel auf Associationen ruht, und bei der Einteilung lediglich das Bedürfnis der Uebersichtlichkeit sprechen ließe. Ich würde vorschlagen, zunächst allen Wandel, der durch Vorgänge im und am Menschen, in der Gesellschaft und Natur bedingt ist, von demjenigen zu trennen, der durch syntaktische Nachbarschaft hervorgerufen wird. Den Wandel der ersten großen Klasse könnte man den real bedingten nennen und dabei je nach Bedürfnis Unterabteilungen machen, z. B. ob die Uebertragung von Teilen des menschlichen Körpers auf Außendinge, innerhalb des menschlichen Organismus von einem Gebiet auf das andere, innerhalb der Natur von einem Gegenstand auf den andern sich vollzieht, ob er durch Veränderungen in der menschlichen Kultur bedingt ist, und was sich noch sonst darbieten mag. Der Vorteil aller derartiger Einteilungen ist freilich nicht allzu groß, denn die Geschichte jedes einzelnen Wortes hat immer ihr Besonderes, und gerade das Merkwürdigste des Einzelfalles wird von der Einteilung oft nicht berührt. Auch will ich nicht vergessen, zum Schluß noch zu erwähnen, was auch Wundt mit Nachdruck hervorhebt, daß die Psychologie uns nie dazu befähigen kann, die Entwickelung einer Wortbedeutung vorauszusagen. Sie kann uns nur dienen, uns die bereits als thatsächlich erkannten Uebergänge einigermaßen verständlich zu machen. Vielleicht trägt aber auch hierzu die philologische Eingelebtheit in die gerade vorliegende Sprache doch noch mehr bei als die psychologische Schulung.

Rückblick.

Die hiermit abgeschlossenen Skizzen sind nicht dem ganzen Inhalte des zweibändigen Wundt'schen Werkes gefolgt. Mit Absicht ist alles weggelassen worden, was zur Psychologie in näherer Beziehung steht als zur grammatischen Wissenschaft, so die von Gall[1]) begründete Lehre von den Lokalisationen und insbesondere dem Sprachcentrum und das damit zusammenhängende, allmählich sehr weitschichtig gewordene Kapitel von der Aphasie. Auch von dem, was grundsätzlich in den Kreis meiner Betrachtungen fallen würde, ist einiges ausgeschieden worden, teils weil ich mir ein Urteil darüber nicht zutraute, teils weil ich fand, daß Wundt sich in dem einen oder anderen Falle zu wenig mit der neueren Forschung in Fühlung gehalten hat, so daß es nötig gewesen wäre, meine Darstellung mit Anführung von allzu viel Beweismaterial zu belasten. Dahin gehören namentlich die Kapitel über Wortstellung und Satzbetonung. Die Behandlung der nach diesen Abstrichen übrig bleibenden, immer noch zahlreichen wichtigen Probleme hat in mir und hoffentlich auch in dem Leser den erfreulichen Eindruck zurückgelassen, daß die vergleichende Sprachforschung in der Prüfung vor einem sachkundigen und unparteiischen Richter nicht schlecht bestanden hat.

1) Man vergleiche die Ehrenrettung Gall's durch G. von Bunge, Lehrbuch der Physiologie des Menschen, Leipzig 1901, S. 222 ff.

Wohl sollen nach Wundt's Meinung die psychologischen Grundbegriffe, deren wir uns bis jetzt bewußt oder unbewußt bedient haben, durch andere ersetzt werden, aber das Gebäude, dem so ein anderes Fundament untergeschoben werden soll, wird doch einen durchgreifenden Umbau nicht erfahren.

Von feststehenden Resultaten kann auf diesen Gebieten selbstverständlich nicht die Rede sein. Die Wissenschaft kennt keine Dogmatik, und die Sprachforscher werden auch in Zukunft nicht müde werden, ihre Ansichten so umzugestalten, wie der unablässig neu zuströmende Stoff und die geläuterte Erkenntnis es verlangen. Dabei wird ihnen die Wundt'sche Sprachpsychologie, wie ich nicht zweifle, gute Dienste leisten können, sowohl durch die allgemeine Anregung auf dem ganzen Gebiet, wie durch die Förderung an den einzelnen Punkten, die in meiner Darstellung näher angegeben worden sind. Von dieser aber hoffe ich, sie wird aufs neue die alte Wahrheit bekräftigen, daß Philosophie und Einzelforschung zusammengehören und daß die Philosophie sich um so nützlicher machen kann, je mehr es ihr gelingt, sich mit den Aufgaben, Verfahrungsweisen und Ermittelungen einer Wissenschaft bis ins kleinste Detail hinein vertraut zu machen.

Litteraturangaben[1]).

Braune, W., Althochdeutsche Grammatik, zweite Auflage, Halle 1891.

Bremer, O., Deutsche Phonetik, Leipzig 1893.

Brugmann, K., Grundriß = Grundriß der vergleichenden Grammatik der indogermanischen Sprachen von K. Brugmann und B. Delbrück, erster Band zweite Bearbeitung, Straßburg 1897, die folgenden Bände in erster Auflage.

Bücher, K., Arbeit und Rhythmus, zweite Auflage, Leipzig 1899.

Delbrück, B., Einleitung in das Sprachstudium, Leipzig 1880, dritte Auflage 1893.

— Vergleichende Syntax = Grundriß der vergleichenden Grammatik der indogermanischen Sprachen, dritter bis fünfter Band, Straßburg 1893—1900.

Drbal, M., Lehrbuch der empirischen Psychologie, sechste Auflage, Wien und Leipzig 1897.

Drobisch, M. W., Empirische Psychologie nach naturwissenschaftlicher Methode, Leipzig 1842.

Heyse's Deutsche Grammatik = J. L. A. Heyse's ausführliches Lehrbuch der deutschen Sprache, neu bearbeitet von K. W. L. Heyse, I und II, Hannover 1838 und 1849.

Jespersen, O., Progress in language with special reference to English, London und New York 1894.

Indogermanische Forschungen, Zeitschrift für indogermanische Sprach- und Altertumskunde, herausgegeben von Karl Brugmann und Wilhelm Streitberg, Straßburg 1892 ff.

de Jorio, A., La mimica degli antichi investigata nel gestire Napolitano, Napoli 1832.

Lazarus, M., Das Leben der Seele in Monographieen über seine Erscheinungen und Gesetze, zweiter Band, Berlin 1857.

---

1) Bei der Abfassung des ersten Kapitels ist mir eine Recension von O. Dittrich über Paul's Principien in Gröber's Zeitschrift für romanische Philologie 23, 538 ff. nützlich gewesen.

Paul, H., Deutsches Wörterbuch, Halle 1897.
— Principien der Sprachgeschichte, dritte Auflage, Halle 1898.
Sayce, A. H., Introduction to the science of language, I und II, zweite Auflage, London 1883.
Schiepek, J., Der Satzbau der Egerländer Mundart, Prag 1899, in: Beiträge zur Kenntnis deutsch-böhmischer Mundarten, im Auftrage des Vereins für Geschichte der Deutschen in Böhmen herausgegeben von H. Lambel.
Steinthal, H., Einleitung in die Psychologie und Sprachwissenschaft (Abriß der Sprachwissenschaft, I), Berlin 1871.
— Der Ursprung der Sprache im Zusammenhange mit den letzten Fragen alles Wissens, dritte Auflage, Berlin 1888.
Streitberg, W., Urgermanische Grammatik, Heidelberg 1896.
Sweet, H., A new english grammar logical and historical, Oxford 1898.
Thumb, A., und Marbe, K., Experimentelle Untersuchungen über die psychologischen Grundlagen der sprachlichen Analogiebildung, Leipzig 1901.
Volkmann, W. F., Grundriß der Psychologie, Halle 1856.
Wechssler, E., Giebt es Lautgesetze? Halle 1900.
Wilmanns, W., Deutsche Grammatik, I² und II, Straßburg 1897 und 1896.
Wundt, W., Grundriß der Psychologie, dritte Auflage, Leipzig 1898.
— Grundzüge der physiologischen Psychologie, Leipzig 1893.

Index.

Frommannsche Buchdruckerei (Hermann Pohle) in Jena. — 2201

FSC
www.fsc.org
MIX
Papier | Fördert gute Waldnutzung
FSC® C083411

Kolibri 360 GmbH
Ferdinand-Jühlke-Straße 7
99095 Erfurt, Deutschland
produktsicherheit@kolibri360.de